황톳빛 그리운 시간여행

비아 첨단마을 옛 이야기

황톳빛 그리운 시간여행

비아

박준수 지음

첨단마을

옛 이야기

GIST PRESS
광주과학기술원

"지스트와 지역사회를 잇는 징검다리가 되길 바랍니다."

광주첨단단지가 조성된 지 25년이 지났습니다. 오늘날 첨단단지는 지스트 GIST 를 중심으로 첨단 연구기관과 대기업 및 중소기업 생산시설, 정부합동청사, 주거단지가 어우러진 복합 신도시로 발돋움하였습니다.

그리고 첨단 3지구에 인공지능 AI 중심 창업단지가 조성될 예정이어서 4차 산업혁명 시대를 맞아 또 한 번의 도약이 기대됩니다. 첨단단지가 들어선 이곳은 과거에 광주 도시 외곽의 한적한 농촌 지역이었습니다. 행정구역상으로는 광산구 비아와 북구 삼소동 지역에 속해 있었습니다. 이곳은 예로부터 영산강 범람 지역으로서 기름진 평야와 편리한 지리적 입지로 인해 선사시대부터 사람이 들어와 살기 시작해 유구한 농경문화를 형성해온 곳입니다.

그러나 1990년대 초반 신도시가 들어서는 과정에서 고즈넉한 삶의 터전은 급격한 해체와 변화의 운명을 맞게 되었습니다.

개발이 진행되면서 오랫동안 이곳 사람들이 일궈온 역사와 문화, 공동체 풍습들이 제대로 보존되지 못한 채 파편화되거나 사라지고 말았습니다. 그리고 첨단단지의 옛 땅에 대한 기억들은 시간이 흐르면서 점차 사람들의 뇌리 속에서 희미해져가고 있습니다.

지금 비아의 옛 모습을 기억 속에 간직하고 있는 사람들은 많지 않습니다. 원주민들은 첨단단지가 조성되면서 모두 정든 터전을 떠났고, 현재 살고 있는 주민들은 대부분 외지에서 이주해온 사람들이기 때문입니다. 또한 산과 구릉, 농경지를 허물고 평면화해버려서 흔적을 찾기도 어렵습니다. 시간이 더 지나면 그 회상마저도 연기처럼 사라져버리고 말 것입니다.

그래서 현재 살고 있는 공간의 장소성을 복원하는 일이 시급한데, 그것은 집단기억의 복원작업을 통해서만 가능합니다. 또한 이러한 기억의 복원은 장소에 깃든 인간의 경험과 장소의 역사를 새롭게 해석할 수 있는 길잡이가 될 것입니다. 비록 시간상으로는 다르지만 '동일한 장소' 경험을 가지고 있는 과거의 원주민과 현재의 주민들을 이어주는 소중한 징검다리가 될 것으로 생각합니다.

원주민들에게는 정겨운 고향의 흙냄새를 일깨워주고, 현재 살고 있는 주민들에게는 공간에 대한 애착심을 갖게 함으로써 문화적 연대감을 회복할 수 있게 될 것입니다.

아무쪼록 이 책이 지스트가 추구하는 지역사회와 소통하고 교감하는 데 하나의 가교架橋가 되기를 간절히 바랍니다. 나아가 이 책이 이 지역 향토사 연구에 작은 밑거름이 되고, 지역문화 콘텐츠 발굴 및 제작에 유용하게 쓰이길 바라는 마음입니다.

유년시절의 기억을 더듬어 발품을 팔아가며 방대한 자료 수집과 많은 원주민들과의 인터뷰를 통해 비아의 옛 이야기를 책으로 집필한 박준수 씨의 노고에 감사 말씀을 전합니다.

2020년 3월

지스트 총장 **김 기 선**

"황톳빛 고향 언덕에 깃든 숨결을 찾고 싶었습니다."

저는 1960년대 지스트 건너편 현 모아아파트 자리에 있었던 과수원에서 자랐고, 비아초등학교를 다녔습니다. 그래서 1960~70년대 비아의 풍경을 고스란히 가슴에 품고 있습니다.

지금 첨단단지는 비아와 삼소동 일대 과거의 장소를 허물고 그 위에 새로 지은 도시공간입니다.

지리적 공간은 그대로이지만 추억이 어린 공간은 사라진 것입니다. 공간 空間 과 장소 場所 는 그 개념이 다릅니다. 공간은 추상적인 의미를 지니는 반면, 장소는 체험적이고 문화적인 의미를 함축하고 있습니다. 공간이 장소로 전환되는 중요한 매개는 인간의 경험입니다. 또한 장소성 placeness 은 어떤 실체로서 존재하기보다는 담론과 실천에 의해 만들어진 사회적 고안물입니다. 이러한 장소성의 의미를 명료하게 살펴볼 수 있는 곳이 바로 첨단단지가 아닐까 생각합니다.

간혹 고향의 흙냄새가 그리울 때가 있습니다.

『비아 첨단마을 옛 이야기』는 첨단단지 옛 땅에 살아온 사람들과 그곳에 펼쳐진 문화를 찾아 기록하고자 했습니다.

공간에 담긴 농경문화의 숨결과 회상을 모아 장소성을 회복하는 작업이 필요해졌습니다.

이를 위해서 약 1년 2018년 10월~2019년 10월 동안 문헌조사와 현장답사, 그리고 원주민 인터뷰를 하였습니다. 공간적 범위는 첨단단지가 들어선 비아·삼소동 일대를 중심으로 하였고, 시간적 범위는 갑오경장 1896

이후 근현대까지를 연대기적으로 기술하였습니다. 원주민 인터뷰는 이분들이 거주했던 마을의 풍습과 생활에 초점을 두었으며, 이주 후 삶의 변화에 대해서도 조사하였습니다.

이러한 취재 과정을 거쳐 원주민들의 집단기억 속에 내재한 첨단단지 개발 이전 당시 비아·삼소동 사람들의 삶과 공동체 문화를 편린이나마 살필 수 있게 되었습니다.

특히 그동안 원주민들의 기억 속에서만 간직된 비아극장의 존재와 비아초등학교의 일제강점기 사진자료, 현 비아중학교의 모체라 할 수 있는 비인가 비아중학교의 실체, 그리고 쌍암 일대 일본인 과수원의 형태를 이번 조사를 통해 확인한 것은 매우 의미 있는 수확이었습니다.

아울러 개인적으로는 유년기를 보낸 비아 일대 옛 고향의 이야기를 소박하게나마 기록으로 남길 수 있게 되어 큰 보람으로 생각합니다. 자료를 제공해주신 LH 광주전남지역본부와 인터뷰에 응해주신 원주민분들께 깊은 감사의 인사를 올립니다.

이번『비아 첨단마을 옛 이야기』는 지스트의 각별한 지원이 집필의 동력이 되었습니다. 무엇보다도 문승현 전 지스트 총장님께서 전폭적으로 지지해주셨고 안효성 전 학술정보처장님, 김광일 팀장님의 격려가 큰 힘이 되었습니다. 이 자리를 빌려서 진심으로 감사드립니다.

2020년 3월

저자 **박 준 수**

목차

비아 땅 이야기

비아 땅 이야기

'비아'라는 지명의
유래와 까마귀

'바람의 딸' 한비야의 홈그라운드

　광주첨단과학산업단지가 조성된 지역은 과거 비아 飛鴉 면 일대의 땅이다. 행정구역상으로는 광산구 비아와 북구 삼소동으로 구분되지만 통상 비아로 불렸다.

　'비아 飛鴉'라는 지명은 우리나라 땅 이름치고는 독특하다. 우리나라 지명은 대체로 산천 혹은 자연에서 연유해서 지어진 것들이 대부분이다. 광산 光山, 담양 潭陽, 함평 咸平 이 대표적인 예이다. 그런데 비아는 발음도 이국적이거니와 한자 뜻풀이대로라면 '날아가는 까마귀 동네'라는 의미가 된다. 평화로운 안정감이 들기보다는 무엇인가 들뜬 느낌을 준다.

　이처럼 이색적인 이름 때문인지 '바람의 딸'로 잘 알려진 여행작가 한비야도 자신의 필명 나중에 본명으로 전환 과 닮은꼴인 '비아'에 특별한 관심을 나타냈다.

비아동 입구에 세워진 표지석: 비아는 런던올림픽 금메달리스트 양학선의 고향이다.(사진: 저자)

첨단단지가 조성되기 전인 1983년 2월 비아 들판 전경(사진: 저자)

"내 이름 비야는 천주교 영세명인데 본명은 한인순이다, 원래는 이탈리아 이름이고 한글 표기를 비야, 삐야, 삐아, 비아 등으로 한다. 보통은 비아로 쓰는데 영세 받을 때 본당 수녀님이 '비야'로 교적에 올려주셨다. 몇 년 전부터는 아예 개명해서 호적에 올려 본명으로 쓰고 있다. 그러니 여기가 내 홈그라운드가 아니고 무엇이랴. 비아는 한문으로 날 비飛, 까마귀 아鴉 라고 한다. 예전에 여기 까마귀가 많이 있어서라는데 지금과는 달리 예전에는 까마귀를 길조로 여겼다고 한다. 그런데 우리나라 땅 이름에 관심을 가지고 여러 가지 책을 읽던 중 '비아'라는 지명에 대한 더 신빙성 있는 해석을 발견했다.

그 책에 따르면 비아는 지세가 비탈져서 생긴 이름이란다. '비스듬하다'의 옛 표기는 '빗', 비스듬한 곳에 있는 마을이라는 뜻으로 비스듬한 고을, 즉 '빗+골'이 점차 빗의 골 → 빗아골 → 비아골 → 빗골 → 비아골을 거쳐 '비아'가 되었다고 한다. 하지만 일제강점기에 행정 지명을 정하면서 순우리말 이름을 한자인 '飛鴉'로 쓰게 되었단다 한비야, 『바람의 딸, 우리 땅에 서다』, 2002, 77쪽.

그러나 빗골이 비아의 기원이 되었다는 주장은 사실과 다르다. 비아 飛鴉 라는 한자표기는 일제강점기 이전부터 사용된 지명이기 때문이다.

서울대 규장각에 소장된 광주목지도 1872 를 보면 '飛鴉市 비아시' 표기가 나온다. 이 지도에는 광주 지역에 큰장, 작은장, 선암장, 용산장, 비아장 등 5개의 장이 존재한 걸로 나오는데 이로 미뤄볼 때 이미 조선 후기 이전부터 飛鴉비아 라는 한자 지명이 존재한 것으로 보인다.

고려 때의 '지리대전'에 의하면 '飛鴉비아'라는 지명은 장성 학정봉鶴頂峰 의 한줄기가 뻗어내려 '비아탁시 飛鴉啄屍'의 형국을 이루고 있다는 데서 유래했다고 한다. '비아탁시'의 형국이란 "날아온 까마귀가 주검을 쫀다."라는 뜻으로 풍수지리적으로 명당을 뜻한다. 인물이 많이 난 것으로 유명한 영암군 군서면 동구림리 비아도 '비아탁시'의 지세이다.

이처럼 비아라는 지명은 바로 '비아탁시'의 명당이 있었기 때문에 탄생하였다 광주시립민속박물관, 『일제강점기 광주문헌집』, 2004, 244쪽.

우리는 전통적으로 지리적 공간을 인식할 때 풍수지리적 안목을 동원하는 경우가 많다. 풍수는 '장풍득수藏風得水'의 줄임말로 바람을 모아 흩어지기 쉬운 생기를 갈무리하고 물을 얻어 바람직한 삶의 터전을 확보하려는 지식이나 기술을 뜻한다. 풍수는 땅, 물, 바람을 통해서 자연현상을 설명한다. 이를테면 지세나 땅의 모습을 실제 살아 있는 동식물이나 사람의 이미지에 견주어 파악한다.

비아는 명당이기는 하지만 흔히 말하는 배산임수背山臨水 지형은 아니다. 영산강과 가까워 드넓은 범람지가 펼쳐진 평야 지역이고 저 멀리 불태산과 병풍산이 우뚝 솟아 있다. 지척에는 영산강이 흐른다. 불태산 정상 부근에 우뚝 솟은 큰 바위는 미국 사우스다코타주 러시모어산Mount Rushmore 에 있는 미국 대통령 조각상 '큰 바위 얼굴'을 연상시킨다. 아침이면 동쪽에서 떠오른 태양 빛에 반사되어 거울처럼 빛나는 모습이 인상적이다. 그러므로 비아는 지리적으로 보면 원산임수遠山臨水 의 지형이라 할 수 있다.

하늘을 뒤덮던 까마귀 떼

비아飛鴉는'나는 까마귀'라는 땅 이름처럼 까마귀를 흔히 볼 수 있었다. 비아의 지명이 조선시대부터 있었던 것으로 미뤄볼 때 오래전부터 까마귀가 서식한 것으로 보인다. 영산강이 흐르고 드넓은 들판과 과수원이 산재해 있어 까마귀가 서식하기에 적합한 자연환경을 갖추고 있었기 때문이다. 까마귀는 들판에 흩어진 곡식 낱알과 풀씨, 해충들을 주워 먹거나 동물의 사체를 먹어 치워 '자연의 청소부'라 부른다.

주민들은 "담양에서 오룡동, 미산 뒷산 지을개 바위산까지 들판이 이어져 까마귀가 서식하기 좋은 환경이었다."라고 말한다. 또 "비아초등학교 언덕 아래 논들에는 까마귀 떼가 새까맣게 모여들어 벼 낱알을 주워 먹었다."라고 회상했다.

"더러는 호기심에 까마귀를 잡아서 구워 먹기도 했지만, 주민 대부분은 농약을 먹고 죽은 까마귀 시체들이 널려 있어도 거들떠보지 않았다."

까마귀는 들판에 흩어진 곡식 낱알과 풀씨, 해충들을 주워 먹거나 동물의 사체를 먹어 치워 '자연의 청소부'로 불린다.(사진: 자료 사진)

면서 "그러나 첨단단지가 개발된 지금은 까마귀 떼가 오지 않는다."라고 말했다.

까마귀는 오랫동안 인간과 같이 살아온 조류이다. 삼국유사에는 까마귀가 예지력이 뛰어난 영물靈物이자 태양의 정기로 표현되어 있다. 또한 설화 '연오랑燕烏朗과 세오녀細烏女'의 주인공 이름에 까마귀烏가 들어 있다. 중국 지안에 있는 고구려의 오회분 4호묘[1] 널방[2] 벽화에는 세 발 달린 까마귀, 즉 삼족오三足烏가 그려져 있다. 둥근 해 속에 삼족오가 있는데 이는 고구려 사람들의 영생의식을 표현한 것이라고 한다.

까마귀는 전 세계에 약 100종이 있으나 우리나라에는 8종이 살고 있다. 이 중 갈까마귀와 떼까마귀는 겨울새이고, 큰부리까마귀는 텃새이다.

비아에 날아온 까마귀는 겨울 철새이다. 겨울이 되면 비아 상공에는 시커먼 까마귀 떼로 가득 메워졌다. "까악~ 까악~" 울음소리가 처량하면서도 음산하게 겨울 허공을 맴돌았다. 과수원과 들판에는 간혹 죽은 까마귀 시체들이 발견되기도 했다.

비아에서는 까마귀를 마을의 상징물로 선정해 브랜드화하고 있다. 비아초등학교는 삼족오를 상징 새로 삼고 있고, 비아청년회는 '까망도서관'을 운영하고 있다.

비아 사람들은 비아에 큰 부자가 나지 않는 것은 비아의 지세가 까마귀 형세를 띠고 있기 때문이라고 믿고 있다. "까마귀는 모이를 먹고는 날아간다. 그래서인지 토박이 가운데 큰 부자가 나오지 않는다. 돈을 벌면 모두 떠나기 때문이다. 외지인들이 들어와서도 마찬가지이다."라고 주민들은 말한다.

---

1 (편집자 주) 5개의 투구형 분묘 중 5번째에 해당하는 묘지라는 뜻.
2 (편집자 주) 무덤 속의 주검이 안치되어 있는 방.

근대시대 비아

1914년 단행된 행정구역 개편

앞에서 설명한 것처럼 비아飛鴉라는 지명이 문헌상으로 등장하는 시기는 조선 후기부터이다. 19세기 옛 광주목지도를 보면 비아는 천곡면泉谷面과 마지면馬池面에 속했다.

1872년 광주목지도에 표기된 천곡(泉谷)면과 마지(馬池)면이 오늘날 비아에 해당된다.

천곡면에는 비아촌을 비롯해 덕림촌, 창촌, 포산촌, 장구촌, 협동, 구암촌, 응암촌, 신도촌, 상완동, 하완동, 신완동 등이 있었다. 마지면에는 원촌, 반촌, 모촌, 선창, 상가촌, 하가촌, 운림촌, 옹기점 등이 있었다.

1914년 일제가 행정구역을 개편하면서 천곡면과 마지면, 그리고 장성군 남면 일부를 합쳐 비아면이 되었다. 그리고 비아면이라는 지명은 비아리에서 따온 이름이다. 이는 아마도 비아리에 소재한 비아장이 장소적으로 상징성과 생활에 미치는 영향력이 컸기 때문이리라.

18세기 중엽에 편찬된 『여지도서』에 따르면 비아면의 전신인 천곡면과 마지면의 인구는 통틀어 1,700여 명에 불과했다. 이 무렵은 아직 비아장이 생기기 전이고, 또 장이 들어설 만큼 충분한 인구도 갖춰진 상태가 아니었다.

그러나 비아면 소재지 일대 인구는 20세기에 들어와 크게 불어났다. 일제강점기 비아가 크게 성장한 계기는 행정구역 개편과 함께 국도 1호선 신작로가 개설되면서 전환점을 맞게 되었다. 신작로 개설과 함께 교통의 중심지로 자리 잡게 됨에 따라 주변 지역과 교류가 원활해지면서 비아장의 상권 흡인력이 커진 결과이다.

1914년 행정구역 개편 현황(『광주군사』, 1934, 28쪽)

1916년 8월 11일 시행		1914년 행정구역 변경 전	
비아면	비아리	비아리	천곡면
	도촌리	신도, 구도	
	쌍암리	응암, 미산(구암)	
	월계리	장구촌, 군수동	
	수완리	상완, 하완, 수문리	
	산월리	포산, 봉산, 옛 마지면 월촌(월봉)	
	신창리	판촌(반촌), 구촌, 탄동, 선창, 모산(매결)	마지면
	신가리	신기, 상가, 대가, 산정	
	운남리	운림, 금구	

* 『광주군사』는 일본인 야마모토 데스타로(山本哲太郞)가 쓴 책으로 1934년 출판되었는데, 이 책은 당시 광주군의 각 면(面)의 연혁을 설명하고 있다.

비아의 탄생, 일제 지방조직 개편

한반도 주권을 침탈하던 일제는 1906년 식민 통치를 원활하게 하기 위해 '지방제도 조사위원회'를 설치하고 지방제도 개편에 착수했다. 그 기본 방향은 상대적으로 자치성격이 강한 면(面)을 행정단위의 말단으로 설정하고 이를 전초기지로 삼아 점차적으로 각 지역에 대한 지배력을 확대하려는 것이었다. 마침내 주권을 강탈한 일제는 1910년 9월 30일자로 각 도에 부(府)·군(郡)을 두고, 부·군의 명칭이나 위치 및 관할구역에 대해서는 조선총독이 정하도록 했다.

이어 1914년 3월과 4월 각각 군과 면 폐합을 단행했다. 기준은 군의 경우 면적 40방리(6.2km²), 인구 1만 정도로 하여 그 이하 지역은 인접 군에 병합하도록 하고, 면의 경우 면적 4방리(0.62km²), 호수 800호를 표준으로 하여 그 이하 지역은 다른 곳과 병합시켰다. 이에 따라 군의 경우 317개를 220개로 통폐합하였고, 면의 경우 4,336개를 2,522개로 통합했다.

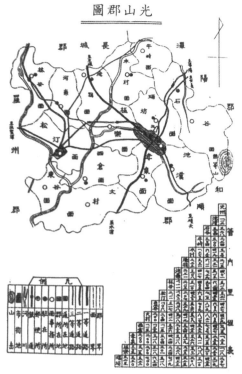

1931년 일제강점기 광산군 관할면 지도와 현황표

　　전라도의 경우 1910년 무렵에 모두 684개였으나 일제의 개편 작업으로 인해 전라남도 274개, 전라북도 188개 등 모두 462개로 33%가 줄었다.

　　이때의 군·면 개편은 오늘날 행정구역의 기틀이 되었다. 면 소재지로 지정된 곳을 조사해보면 원래 교통이 발달하거나 장시가 들어섰거나 환곡 또는 사창 창고가 들어섰던 곳이 많다. 이는 지역민들의 오랜 생활관행을 반영한 결과로 비아의 경우 비아장의 영향 때문임이 분명하다

김덕진 『전라도의 탄생 1』, 2018, 313~317쪽.

1914년 4월 지방제도의 변화

	부	군	면	동리
전라남도	1	22	274	10,332
전라북도	1	14	188	7,285

　1914년 단행된 행정구역 개편으로 40개였던 광주군 면들이 15개 면
으로 통합되었다.

　1914년 2월 27일 총독부는 전라남도에 '광주군 외 21개 군면郡面의 폐
합에 관한 건'이라는 지령안을 보냈다. 그 내용은 해당 지역에서 군과
면의 구역과 명칭변경을 인가한 것이다.

　그 세부적인 내용을 표로 정리하면 다음과 같다 광주시립민속박물관, 『국가기록
원 소장 자료로 본 일제강점기 광주의 도시변천』, 2013, 40~42쪽.

광주군 지도(광주시립민속박물관, 『국가기록원 소장 자료로 본 일제강점기 광주의 도시 변천』, 2013, 43쪽)

새로운 면	이전의 면	면적(km²)	호수(가구)	인구(명)
지한면	지한면, 부동방면의 원지리를 제외한 6개 리, 서남리 및 호연리 일부	42	953	2,183
석곡면	석저면, 상대곡면, 하대곡면	36	922	4,586
본촌면	갑마보면, 석제면, 삼소지면	19.5	1,080	5,026
비아면	마지면, 천곡면	21	978	4,545
하남면	거치면, 흑석면, 와곡면	28.5	732	3,717
임곡면	소공룡면, 오산면	28.5	1,031	4,868
송정면	소지면, 우산면, 고내상면	24	1,249	5,326
동곡면	동남면, 마곡면	12	685	3,601
서창면	방하동면, 선도면, 당부면	27	1,115	5,654
본촌면	대지면, 계촌면, 칠석면, 유등곡면	28.5	1,614	7,952
극락면	내정면, 군분면, 덕산면, 황계면	21	1,117	5,183
서방면	두방면, 서양면, 오치면, 기례방면, 신촌리, 태봉리, 누항리의 일부, 공수방면 상촌리 일부	40.5	1,495	7,195

광주군 지도(광주시립민속박물관, 『국가기록원 소장 자료로 본 일제강점기 광주의 도시 변천』, 2013, 43쪽)(계속)

새로운 면	이전의 면	면적(km²)	호수(가구)	인구(명)
효천면	효우동면, 도천면, 부동방면 계외리를 제외한 4개 리, 사직리 일부, 공수방면 덕림리, 상촌리 일부, 교촌리 일부	30	924	4,145
우치면	우치면	13.5	653	2,989
광주면	성내면 북내리 일부를 제외한 4개 리, 부동방면 사직리 일부를 제외한 7개 리, 기례방면 성저리 일부를 제외한 5개 리, 공수방면 상촌리 일부를 제외한 지역, 두방면 원지리 일부	3	2,589	11,116
계		375	17,131	78,086

위 표는 1914년 행정구역 개편 후 광주군의 모습을 면 단위로 나눠 보여주고 있다. 종전 40개 면은 새로 15개로 개편되었고, 그 경계를 색상을 달리해 표현하고 있다. 아울러 새로운 면 소재지의 대략적인 위치도 기록하고 있다. 이렇게 새로 창설된 광주군의 면적은 대략 375km²였으며, 인구는 약 8만 명이었다. 광주는 1949년 현재의 광산구 평동, 본량동, 삼도동을 흡수하면서 면적 500km²의 행정구역을 가지게 되었다.

게다가 비아장터 옆으로 국도 1호선 신작로가 통과하면서 광주·나주·담양·장성으로 이어지는 사통팔달 교통의 요충지로 발돋움했다.

일제가 한국에서 도로 건설을 추진한 것은 1904년 러일전쟁 발발과 함께 시작되었다. 대한제국과 일본은 1906년 토목국을 설치하고 평양, 대구, 목포, 군산 등에 공사 사무소를 두고 도로건설에 착수하였다. 이 시기 도로 개설은 자원 개발에 초점을 맞춰 진행되었으며, 개항장과 철도역을 기점으로 한 단거리 지선구간이 중점이 되었다.

호남에서 도로 개설은 호남평야의 쌀을 반출하기 위해 군산이나 목포로 연결하는 신작로 공사를 우선적으로 착수하였다. 1924년 무렵 광주–장성 간 1등 도로 현재 국도 1호선 개수 공사가 완료되어 1920년대 후반 들어서면서 전남 지역 도로망이 거의 마무리되었다.

경성 서울 –목포 간 1등 도로는 장성군에서 비아, 극락면과 광주, 효천, 대촌면을 거쳐서 나주, 함평을 지나 목포에 이르는 노선이다 광산문화원, 『광산의 옛 길』, 2011, 31~33쪽 .

이처럼 국도 1호선 신작로가 비아를 통과하는 등 교통이 원활해지면서 비아장이 크게 번성하게 되었다. 그리고 우치면, 하남면, 임곡면, 장성의 남면과 진원면 등 인근 5개 면의 주민들이 보다 쉽게 장의 영향권 안에 들어올 수 있었던 것으로 보인다 광주시립민속박물관, 『광주의 재래시장』, 2001, 224쪽 .

이에 따라 비아면 인구가 급증하게 되어 1931년 조선총독부가 편찬한 조선국세조사속보 朝鮮國勢調査速報 에 따르면, 1925년 말 비아면의 인구는 6천여 명에 육박하고 있다.

첨단단지 부근을 지나는 영산강이 유유히 흐르고 있다. 예전에는 이 물을 끌어와 비아 들판을 적셨다.(사진: 저자)

비아면의 인구 변동 추이

연대	행정지명	인구 수	출처	비고
18세기 중엽	천곡·마지면	1,800여 명	여지도서	
1910년	천곡면	4,916명	민적통계표 (100년 전 광주향토자료)	2,963명 (11개 리, 674가구)
	마지면			1,953명 (13개 리, 437가구)
1925년 말	비아면	6,000여 명	조선국세조사속보	1924년 광주~장성 간 1등 도로 개설

일제강점기 일본인

비아는 국도 1호선 1등 간선도로 신작로와 사통팔달의 입지, 상거래의 중심인 비아장 그리고 영산강 범람지의 기름지고 드넓은 농토가 펼쳐져 있어 외부로부터 일본인이 정착하기에 적합한 조건을 갖췄다.

이 무렵 수많은 일본인들에 의해 전남 각지의 토지가 침탈되고 비아 역시 일본인 농장이 건설되었다.

비아에는 일제강점기 일본인들이 들어와 정착했던 흔적들이 곳곳에 산재해 있다. 쌍암리 응암마을 진등에는 10여 개 과수원이 밀집해 있었는데 이는 일제강점기 일본인에 의해 조성된 것들이다. 진등은 해발 수십 미터의 낮은 구릉지를 이루고 있어 생긴 이름이다. 지금도 지스트 GIST 인근에는 김정문 씨 소유 중앙농원 등 당시의 과수원 일부가 남아 있다.

이와 관련 1949년 호남일보 신문 기사를 보면 광산군 비아면 일대에 남겨진 적산과수원 처리문제를 놓고 광복 직후부터 지역 내 분쟁이 상당기간 지속되었음을 알 수 있다. 기사에 따르면 비아면에서 가장 넓은 일본인 마부치 馬淵 소유의 과수원 전체 12ha 에 대해 비아중학교에서 교육 재정을 목적으로 관리하고자 했으나 뜻을 이루지 못하자 학생들이 집단 행동을 벌일 조짐이 있어 12ha 가운데 3분의 2인 8ha를 학교에서 관리하도록 한 사실이 보도되었다.

또한 기록상으로는 비아옛 광주군 마지면에 일본인 사쿠마佐久間의 농장이 있었던 것으로 확인되었다.

그러나 일본인들이 어떤 경로로 이곳에 정착하게 되었는지 정확한 경위를 알기 어렵다.

일반적으로 일제강점기에 일본인들이 조선에 들어온 계기는 일본정부의 이민정책과 관련이 깊다. 일제는 조선 식민통치를 원활히 하기 위해 농업이민을 적극 실시했다. 일본인 농업이민은 안정적인 식민지배 체제를 구축하기 위한 전략의 일환이었다. 자국민을 식민지에 이주시킴으로써 광범위한 인적 기반을 확보하고, 러일전쟁 이후 급증한 일본의 인구 증가 및 식량난을 해결하기 위한 목적이었다.

즉, 일본인 이민자들을 한반도의 비옥한 농업지대에 정착시킴으로써 한국농업을 구조적으로 일본 제국주의에 편입시키는 동시에 한국에 대한 동화정책의 일환으로 활용하였다.

일본 농업이민은 크게 두 가지 형태로 분류된다. 하나는 일본인 지주나 농업회사의 응모나 유도에 따라 이주한 일반이민 및 개인적으로 이주한 자유이민이다. 다른 하나는 동양척식주식회사이하 동척에 의한 동척이민과 불이흥업주식회사이하 불이에 의한 집단이민으로 조선총독부의 강력한 지원과 보호 아래 실시된 국책이민이다이규수, 『호남 지역 일본인의 사회사: 식민지 조선과 일본, 일본인』, 2007, 17~18쪽.

일본의 한국 통치는 군사적인 지배만으로는 불가능했다. 일본인의 대규모 이주가 뒷받침되지 않은 군사적 통치 체제만으로는 효율적인 식민지 지배가 이루어질 수 없었기 때문이다.

호남 지역은 일찍이 비옥한 농업지대로 일본인 진출의 주요 대상이었다. 동척은 호남의 비옥한 토지에 눈독을 들였다. 비옥한 농지의 확보와 소작제 농장 경영을 통한 미곡 유출은 일본의 식량과 인구문제 해결에 절대적으로 필요했기 때문이다. 따라서 목포와 군산항 개항 이후 호남 지역의 일본인 인구는 급증했다. 1916년 당시 광주군 인구는 111,351명이었고, 이 가운데 일본인은 5,908명으로 5.3%에 달했다. 이들 일본인들은 다양한 사회조직을 이루며 그들의 경제적 부를 축적해나갔다.

1927년 당시 광주군 인구 분포(광주사정)

面(町)	일본인		조선인		외국인		합계	
	호수	인구	호수	인구	호수	인구	호수	인구
광주	1,004	4,122	3,951	17,764	54	216	5,009	22,102
지한	2	9	888	4,753	—	—	890	4,762
석곡	2	7	1,066	5,100	—	—	1,068	5,107
우치	—	—	685	3,333	—	—	685	3,333
본촌	15	66	1,231	6,004	—	—	1,246	6,070
비아	12	36	1,056	5,516	—	—	1,068	5,552
하남	1	4	944	4,758	—	—	945	4,762
임곡	22	88	1,250	6,180	—	—	1,272	6,268
송정	288	1,140	1,575	8,232	20	113	1,883	9,486
동곡	1	7	792	4,430	—	—	793	4,437
대촌	36	150	1,926	9,637	—	—	1,959	9,787
서창	12	52	1,465	7,248	—	—	1,477	7,201
효천	2	4	1,129	5,675	3	9	1,134	5,689
극락	27	115	1,391	7,072	2	4	1,420	7,201
서방	25	97	2,068	9,392	1	5	2,094	9,494
계	1,446	5,908	21,417	105,096	80	347	22,943	111,351

전라남도에서 일본인의 토지침탈이 시작된 것은 1902년 목포흥농협회 木浦興農協會 라는 일본인 영농조합이 창설되고 나서부터이다. 이 협회는 이듬해인 1903년부터 영산포 방면의 전답을 매수하였다. 이어서 1904년에 마부치 게지로 馬淵鑑治郎 가 남평군 광탄 曠灘 에 마부치농장을 건설하였다.

1906년 이후에는 전라남도 일대에서 일본인들의 농장 건설이 본격화되었다.

일제강점기 토지침탈의 선봉장이었던 동양척식회사 목포지점 건물. 현재는 목포근대역사관으로 운영되고 있다.(사진: 목포시 제공)

그들 가운데 1910년 한일합병조약 이전에 이 지역에 진출한 주요 농사경영자는 미네농장峰農場, 아사히농장旭農場, 조일흥업주식회사朝日興業株式會社 등 100ha 이상의 대토지를 소유한 농장만도 10여 개에 달하였다. 그들은 각각 남평, 광주, 진도, 영산포 등지에 사무소를 설치하고 나주, 무안의 영산강 유역을 비롯하여 전라남도 각처 평야지대의 비옥한 토지를 매입하여 경영하였다.

전남의 일본인 토지 침탈과 관련하여 빼놓을 수 없는 것이 동양척식주식회사이다. 동척이 영산포에 출장소를 설치한 것은 1910년 2월이지만 동척의 토지경영은 창업한 1908년 이듬해인 1909년에 이미 시작되었다.

동척과 마찬가지로 본사는 다른 곳에 두고 있으면서 전라남도 일대에 방대한 토지를 소유하고 있었던 일본인 농사경영자 중 손꼽히는 곳으로는 한국흥업주식회사, 동산농장, 쿠니타케 합명회사 등을 들 수 있다. 이들은 전남 외에도 전북, 경기, 황해, 충청, 경상도의 각지에 토지를 경영하는 전국 규모의 농업기업이었다 홍순권,『한말 호남 지역 의병운동사 연구』, 1994, 69~70쪽.

일제강점기의 지적도를 보면 비아면 쌍암리 일대에 동양척식회사 소유 토지가 곳곳에 분포해 있음을 알 수 있다.

비아飛鴉는 기후와 토질이 과수재배에 적합한 조건을 갖추고 있어서 일본인들에게는 매력적이었을 것이다. 일본인들이 옛 비아면 쌍암리 응암부락에 들어와 과수원을 조성한 시기는 1910~1920년 기간으로 보

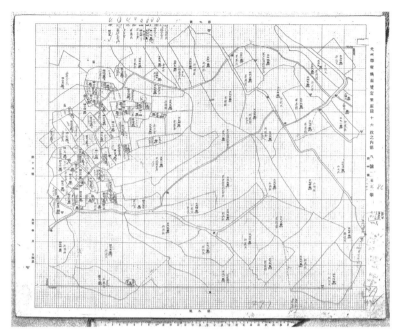

일제강점기 작성된 광주군 비아면 쌍암리 지적도. 군데군데 동양척식회사 소유의 땅이 있다.

인다. 이 시기 일본인들이 속속 들어와 현 쌍암동 588-2 중앙농원을 중심으로 야산과 황무지를 개간하여 과수원을 넓혀갔다. 나다오카灘岡, 와카보시赤星, 요내무라米村, 와카모도若本 등 과수농원이 있었다『광산군지』. 1981. 182쪽.

현재 흔적이 남아 있는 곳은 쌍암동 588-2 김정문 씨 소유의 중앙농원이 대표적이다. 광산구청 토지대장을 확인한 결과, 이 과수원은 1921년大正 10년 4월 20일 일본명 시라이시 구니카즈白石國一 가 소유한 것으로 나와 있다. 이어 4년 후인 1925년 12월 일본인 노다 우메키치野田梅吉 에게 매매되고 1933년昭和10년 마부치 이치지馬淵一二 가 이곳에 배와 감나무 과수원을 운영하였다. 마부치馬淵 농장 일부는 광복 후 적산불하 과정에

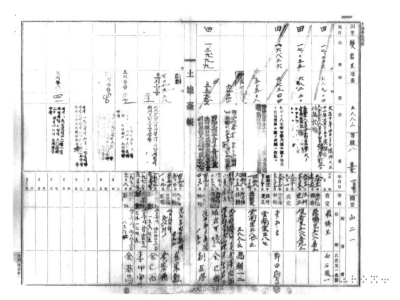

토지대장에 광복 직전 중앙농원의 소유주가 마부치 이치지(馬淵一二)였다는 기록이 보인다.

서 지역민들의 요청으로 비아중학교 비인가 학교 재산으로 활용하게 된다.

한편 일본인 지주들이 거주하는 지역에는 치안과 상거래 이용에 편리하도록 경찰서 지서, 우체국, 금융기관 등 관련 기관을 배치하였다.

일제강점기 비아의 농촌생활은 쉴 틈이 없었다. 가마니 만들기, 새끼 꼬기 등 힘든 노동의 연속이었다. 당시는 일제가 나무를 벌목하고 간솔 송진 마저 공출해갔기 때문에 땔감이 귀해 밀낫 날이 바깥으로 나있는 낫 으로 풀을 베어 아궁이에 불을 피웠다고 한다 박종채 씨 증언 .

비아의 의병활동

일본인 대지주의 토지집적은 의병투쟁의 하나의 불씨가 되었다. 호남 지역에 대한 일제의 무차별적 경제침략은 호남주민의 집단적인 저항, 즉 의병의 봉기와 의병투쟁을 격화시키는 근본적 요인이 되었다.

을사조약 이후의 의병운동은 잃어버린 국가의 자주권 회복을 궁극적 목표로 하여 일어난 것이면서도 내부적으로는 일제의 조선식민지화 과정에서 나타난 경제침략에 대한 지역 주민의 대응이라는 또 다른 측면이었다고 말할 수 있다 홍순권, 「한말 호남 지역 의병운동사 연구」, 1994, 76~77쪽.

1905년 을사늑약으로 우리나라가 일제에 국권을 빼앗기자 전국 곳곳에서 의병이 일어나 무장투쟁을 벌였다.

일본인 농장에는 의병의 습격에 대비하기 위해 헌병경찰이 상시 주둔했다. 또 농장에는 자체적으로 무기를 보유하고 농장방위조직으로 러일전쟁에 종군한 병사들로 자경단을 결성시켰다. 자경단은 참호를 구축하고 완전무장 상태로 매일 2시간의 군사훈련을 실시했다 이규수, 「한말 일제하 호남 지역의 일본인 연구」, 전남대호남학연구단, 2005, 74쪽.

비아에서도 1908~1909년에 걸쳐 많은 의병이 일어나 끊임없이 일본군경과 친일파를 공격했다. 특히 많은 사람들이 모이는 비아장은 항일의병들이 활동하는 주 무대였다.

비아 응암마을 과수원에는 일본식 가옥이 있었다. 사진은 군산 소재 일본식 가옥(사진: 저자)

1908년 1월 들어서서 기삼연 의병부대는 담양, 장성, 광주, 함평 등 전남 서부 지역의 여러 읍에 진출하였다. 특히 같은 달 11일에는 광주군 마지면현 비아 에 있는 일본인 사쿠마佐久間 의 농장을 공격하였다.

1908년 1월 의병 약 10명이 몽둥이를 들고 장성으로부터 비아장에 와서 친일파 일진회원을 잡아다 장터 서쪽에 접한 언덕 위로 데리고 가서 처단했다. 그뿐만 아니라 비아에 살던 또 다른 일진회원의 집에도 불을 질렀다.

1908년 2월에는 의병장 국동완 부대가 비아면 비아리에서 일본군 5명을 사살했다. 국동완鞠東完, 1867~1909 의병장은 장성읍 안평리가 고향으로 1907년 11월 의병 40여 명을 규합하여 의병부대를 이끌었는데, 1908년 1월에도 비아에서 가까운 장성군 황룡면 탑정리에서 일본 헌병 10명을 사살한 맹장이었다. 활발한 의병투쟁을 하다가 1909년 9월 체포되어 순국했다. 1908년 11월에는 의병 수십 명이 비아장에서 숙박하고 있던 영광군 관리를 잡아 구타하고 서류와 금품을 압류했다.

양진여梁振女1862~1910 의병장은 일제가 군대를 강제로 해산하자 1908년 7월 20일경 광산군에서 격문을 살포하고 의병을 모집하여 의병장으로 추대되었다. 그는 일본군과 싸움에 나서면서 "오늘 행하지 못하면 내일 행할 것이요, 금년에 죽이지 못하면 내년에는 기필코 죽이기로 맹서하였다."

그리고 박성일朴聖日 · 김익오金益五 등으로부터 군자금과 군량을 모집하였다. 1908년융희 2년 11월 4일 일본경찰이 작성한 보고서에는 양진여 부자가 이끄는 의병부대원 50여 명이 검은색, 황색, 적색 복장을 하고 비아장에 나타났다는 기록이 있다.

같은 해 11월 중 광산군 대치산에서 일본 수비대를 맞아 혈전을 전개하였다.

1909년에는 부하 100명을 이끌고 강판렬姜判烈 부대 및 전해산全海山

의 의병부대 270명과 더불어 장성·담양을 습격하고, 뒤이어 일본군의 본거지인 광주光州를 공략하려고 하였으나 적이 대병력을 배치하여 전력을 정비하므로 중단한 바 있다.

같은 해 담양군 남면 무동촌에서 일본 수비대와 교전하던 중 잡히고 말았다. 1910년 3월 5일 대구공소원항소법원 형사부에서 교수형을 선고 받고, 같은 해 5월 48세로 순국했다.

양진여의 아들 양상기는 군인 출신으로 군대가 해산되자 아버지 양진여와 함께 의병장이 되어 싸우다가 일제 토벌대에게 체포되어 "살아서 영광 있고, 몸은 비록 죽었어도 명성이 남았도다."라는 유언을 남기고 27세의 나이에 순국하였다. 양진여·상기 부자의 묘는 서구 매월동 백마산 정상 남쪽 자락에 있다. 시신도 없는 의병장 양진여의 무덤 앞 묘비에는 "내 한 목숨은 아깝지 않으나 뜻을 이루지 못하고 치욕恥辱을 당해 형刑을 받고 죽음은 유감遺憾이다."라고 새겨져 있다.

양진여의 부인은 일제의 고문으로 반신불수가 되었고 차남 병수秉洙도 고문으로 사망했다. 막내 서영瑞永도 3년 동안 유배를 당해 온 가족이 일제로부터 핍박과 탄압을 받았다서일환, 『서일환의 역사야톡』, 2014; 2005 참조.

1909년 4월에는 광주 출신 의병장 김동수 부대의 의병 40명이 비아시장에 있는 정영환의 집을 방화했다. 김동수金東洙 1879~1910 의병장은 1907년 의병에 처음 참여했는데, 1908년 양진여 의병부대에 들어가 군자금과 군수품을 모집하는 활동을 하다가 1909년 독립해 독자적인 의병부대를 이끌고 있었다.

그는 같은 해 5월 의병 50명을 이끌고 광주군 덕산면 덕산에서 일본군 헌병대와 접전했고 광주군 본촌에서도 광주경찰서 왜경들과 교전했다. 그는 광주, 담양, 장성 등지에서 활약하다 같은 해 9월 사창 전투에서 다리에 총상을 입고 체포되어 다음 해 2월 옥중에서 순국했다.

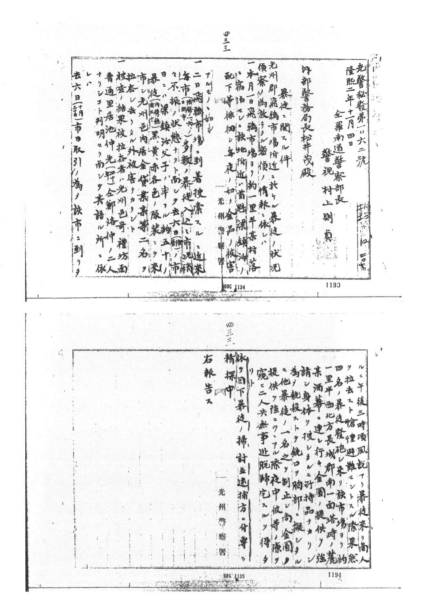

일제강점기 일본 경찰이 보고한 양진여 의병장 기록 1, 2(사진: 국가기록원 자료)

1909년 6월에는 의병 100여 명이 비아장의 일본 헌병파견소를 습격했다. 대규모의 의병이 과감하게 헌병파견소를 습격한 것으로 보아, 김동수나 김영조가 이끄는 의병부대의 투쟁으로 추정된다. 1909년 9월에는 의병장 박기홍 朴基洪 당시 44세 이 부하 13명을 이끌고 활동하다가 비아장에서 남쪽으로 약 20리 떨어진 두동 斗洞 에서 체포되었고 같은 달 의병장 김태구도 비아장에서 남쪽으로 약 10리 떨어진 수완 水莞 에서 체포되었다.

1909년 10월에는 의병 5명이 비아장에서 일본 헌병과 교전하다 1명이 전사했다. 1909년 11월에도 의병 약 30명이 비아장 서쪽 약 10리 떨어진 곳에서 일본 헌병과 교전했고 비아장에서 헌병 파출소원 5명을 공격하다 5명이 전사했다. 1909년 12월에는 비아장에서 의병부대가 봉기하였다.

김동식 金東植 1854~1909 의병장도 문태수 의병장, 이석용 의병장과 연합작전을 벌여 비아장에서 큰 승리를 거두었다. 비아 출신 의병장으로는 최군선 崔君先, 1878~1952 이 있었다. 그는 고려 문신 최사전의 후손으로서 아산마을에서 태어났다. 구한말 김태원 의병장과 연대하여 광주 어등산 전투에서 왜경 일본경찰 30여 명을 사살했다고 전해진다. 워낙 날담비처럼 날래고 용감해 '날담비'라는 별명으로 불렸다.

비아의 3·1 독립운동

1919년 3·1 운동이 일어나자 전국 곳곳에서 만세시위가 벌어졌는데 비아에서도 4월 초부터 주민들이 분연히 일어나 만세를 불렀다. 허원삼 許元三 은 그 당시 비아면 신창리에 살고 있던 기독교 전도사로서 1919년 음력 6월 양림리 현 양림동 에서 각지의 기독교 전도사가 모이는 자리에 갔다가 숭일학교 교사 유한선 劉漢先 을 만났다.

허원삼은 유한선의 권유를 받아들여 그 자리에서 대한국민회에 가입

했다. 그리고 나서 음력 7월 말경 정봉준 등 마을 주민 4명과 장성 황룡면 화호리에 사는 김명안 등 4명을 대한국민회에 가입시켰다. 그리고 대한민국 임시정부 보조금을 모금하다가 왜경에 체포되어 징역 10월의 옥고를 치렀다. 정부는 그의 공훈을 기려 2012년에 건국포장을 추서했다. 장순기 張順基, 1897~? 는 비아면 월계리 출신으로 조선일보 광주지국 기자로 재직했다. 1926년 광주정미노동조합 이사를 맡아 노동운동에도 참여했다. 그 후 조선의 독립을 위해 민족주의자와 사회주의자가 하나 되어 신간회를 만들자 신간회 광주지회 간사로 활동했다. 그 당시 그는 고려공산청년회 회원이기도 했다. 1928년 4월에는 광주 일대에 항일전단을 배포하다 왜경에 체포당했다. 같은 해 8월 제3차 조선공산당 검거사건으로 또 다시 체포되어 경성지방법원에서 징역 2년을 언도받고 옥고를 치렀다. 1931년에도 치안유지법과 토지제도를 반대하다가 왜경에 체포되어 징역 3년의 옥고를 치렀다. 정부는 그의 공훈을 기려 2005년에 건국훈장 애족장을 추서했다 독립유공자사업기금운용위원회, 「공훈전자사료관 독립운동사」, 1970 .

비아 근대화의 시발점

비아 근대화의 시발점

비아 근대화의 시작은 신식 교육제도의 도입으로부터 출발했다고 볼 수 있다. 비아에는 일제강점기에 비교적 일찍 초등학교가 개교하고, 광복 직후 비아중학교 비인가 가 문을 열어 계몽의 기운이 싹텄다. 또한 국도 1호선이 지나고 비아시장을 거점으로 유통이 활기를 띠면서 외부 문물을 빨리 접할 수 있었다. 비아 근대화에 디딤돌 역할을 한 학교와 시장, 극장을 차례로 살펴본다.

100년 역사의 비아초등학교

1922년 9월 1일 비아공립보통학교로 개교

비아초등학교는 1922년 9월 1일 비아공립보통학교로 문을 열어 머지 않아 개교 100주년을 맞는 유구한 역사를 간직한 학교이다. 광산구 비아동원촌길 19-20 광산구 비아동 68 에 자리한 학교 부지는 원래 야산이었다 광산문화원, 『광산의 옛길』, 2011. 50쪽: 비아동 70번지 천익준의 대지 동쪽산에 비아초등학교가 위치하고 있다. 1921년 9월 1일 야산을 개간해 이듬해 9월 1일 학교 건물을 완공했다.

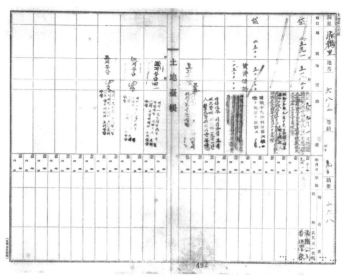

비아초교 토지대장에는 학교 준공과 개교연도, 그리고 땅 가격이 기록되어 있다.

1920년대 광주군 소재 초등학교 현황

학교명	설립 연도	당시 교장	재학생 수(명)	
			남학생	여학생
광주공립보통학교(광주면)	1906.11.	미우라 이사무(三浦勇)	875	432
송정공립보통학교(송정면)	1919.12.	에구치 신사쿠(江口愼策)	379	102
서방공립보통학교(서방면)	1921.10.	가토우다 가즈미(河東田敎美)	408	−
비아공립보통학교(비아면)	1922.9.	미야우치 쇼지(宮內昌治)	214	15
임곡공립보통학교(임곡면)	1923.9.	사토 아키라(佐藤 精)	165	16
지산공립보통학교(본촌면)	1923.9.	미나미조노 세타로(南薗淸太郎)	125	10
대촌공립보통학교(대촌면)	1924.7.	하마노 오토마츠(濱野音松)	228	21
서석공립보통학교(석곡면)	1924.9.	다케무라 쇼노스케(竹村松之助)	83	4
송학공립보통학교(서창면)	1927.4.	마스코 슌(增子 俊)	159	14
사립광주보통학교(광주면)	1923.4.	김형옥(설립자)	141	23
사립광주숭일학교(광주면)	1910.3.	데세 카밍	(남녀 141)	
사립수피아여학교(광주면)	1913.2.	데세 카밍	(남녀 185)	

* 출처: 『일제강점기 광주문헌집』, 2004, 158~160쪽 참조 표로 구성함

1920년대 광주군에는 비아면을 포함해 15개 면에 19,500가구 108,395명의 인구가 거주하고 있었다. 그리고 관내에 9개의 공립보통학교와 3개의 사립보통학교가 있었다.

표에서 보는 바와 같이 비아면에는 광주면, 송정면, 서방면에 이어 네 번째로 공립보통학교가 들어선 것을 알 수 있다. 광주군 15개 면 가운데 비교적 일찍 근대 교육기관이 설립된 것은 그만큼 비아가 다른 지역보다 근대화가 앞선 지역이었음을 알 수 있다.

비아초교는 백 년에 가까운 오랜 역사를 간직한 학교답게 숱한 변천과정을 거쳐왔다. 그리고 비록 학교 건물은 완전히 현대식 시설로 바뀌었지만 주요 연혁은 학교에 잘 간직되어 있어 발자취를 더듬어볼 수 있다.

비아초교 부지를 기부한 김해 김씨 문중 공덕비(사진: 저자)

학교 부지는 김해 김씨 문중에서 땅 5천 평 16,500m² 을 기증해 마련한 것으로 보인다. 교문 입구 오른편 화단에는 비아동소학교 1938~1946년 사용했던 교명 후원회가 세운 김해 김씨 문중 공덕비가 세워져 있다.

이 비석은 학교 개축 과정에서 수위실 뒤편 한 켠에 서 있던 것을 이건옥 교장 31대 교장 이 발견해 지금의 위치로 옮겨놓은 것이다.

교장실 앞 복도 벽면에는 학교 역사를 한눈에 살펴볼 수 있는 학교 연혁 판이 걸려 있다.

학교 약사略史에 따르면 비아초교는 설립인가와 동시에 교사를 짓고 1922년 9월 1일 자로 개교했다. 당시 수업연한은 4년이었으며 재적 학생 수는 30명이었다. 또 그해 부설 경애학교가 개교했으나 2년 후인 1924년에 폐지되었다.

1928년 수업연한이 6년으로 늘어나고 1938년에는 학교 이름이 비아동공립심상소학교로 바뀌었다. 1940년에 부설 신가간이학교가 개교하고 이 학교는 6년 후인 1946년 폐지되었다.

그리고 광복을 맞아 1945년 일본인 소학교는 사라지고 이듬해인 1946년 비아동공립보통학교로 개칭되었다. 그리고 1962년 비아국민학교로 이름이 바뀌었다가 1996년 3월 1일부터 비아초등학교로 불리고 있다.

비아초등학교는 다행스럽게도 일제강점기 개교 초창기 사진들이 잘 보관되어 있어 당시의 학교 상황을 살펴볼 수 있다. 제1회 졸업 기념사진부터 1966년까지 졸업사진과 시설 신축, 교내행사 등 주요 장면들이 담겨 있어 소중한 학교 역사를 증언하고 있다.

비아초교 1회 졸업부터 1970년대까지 학교사진이 간직된 앨범 표지(사진: 비아초교 제공)

일제강점기 일본인 교장은 히라이 모토히로 平井元廣, 무토 데츠타로 武藤鐵太郎, 미야우치 쇼지 宮內昌治, 지다 요시히코 地田義彦, 오카다 시게루 尾形茂, 기노시타 다츠오 大下辰夫, 요모토 히로야 容本大也, 마츠모토 이사무 松本勇 등 8명이었다.

일제강점기 사진을 보면 운동장 조회 광경, 군복 차림의 교사와 일본어로 수업하는 장면, 학생들의 제식훈련, 검도 연습하는 모습이 보인다.

학교의 설립과 운영

일제강점기 비아의 근대 학교 교육은 '비아학교조합'으로부터 시작되었다. 그리고 조선인 교육에 관해서는 학교비 단체에서 경비를 지원했다. 일제는 소득 정도에 따라 학교비를 징수했다. 1919년 3·1 독립운동은 식민정책에 커다란 영향을 주었다. 일제는 유화책의 일환으로 일본인들이 독자적으로 학교조합을 결성해 초등교육 확대에 나섰다^{이규수,}^{「한말일제하 호남 지역 일본인 연구」, 2005, 15쪽; 『광주의 지방사정』, 80∼83쪽.}

조선 내 일본인 아동 교육은 학교조합령을 만들어 이 조합에 의해 이뤄졌다. 1910년 총독부가 학교조합령을 발표하자 광주도 1911년 1월 광주학교조합의 성립을 보게 되었다. 광주학교조합 최초 관리자는 동양척식회사 광주출장소장 다카하시 게이타로^{高橋慶太郎}, 회계 역에 이마이 기요시^{今井潔}가 추대되었다. 당시 광주 상주 일본인은 1,685명으로 조합원은 420호에 420명이었다.

학교조합은 교사신축, 교육자료의 수집, 교원의 초빙 등 아동교육의 수행기관 역할을 하였다. 학교조합은 교육기관으로서의 역할뿐만 아니라 사회 주도집단으로서 각 분야에 영향을 미쳤다.

1918년 무렵 광주학교조합원은 720가구이며 광주면 밖 10리 이내인 서방면, 지한면, 극락면, 석곡면을 포함하였다.

학교조합은 호별 부과금 징수에 의한 조합비뿐만 아니라 여러 가지 수익사업을 하였다. 대표적으로 화장장 및 공동묘지 경영과 도축장을 경영해 수입을 올렸다. 또 학교 건축 때는 동양척식회사로부터 돈을 빌려 건물을 지었다.

비아학교조합은 1921년 2월 설립되는데 그 구역은 비아면^{신주리, 운암리 제외}, 본촌면 중 월산리, 지야리, 대촌리, 오룡리, 하남면 중 신곡리, 안청리, 장덕리, 신완리, 흑석리이다. 조합호수는 37가구에 인구는 140명, 조합총 경비는 2,109원, 부과금 499원, 부과금 1가구당 평균 12원, 학급당 경상비 1,384원이다.

조합관리자는 노타 우메요시^{野田梅吉}, 조합위원은 가와세토 모사부로, 나카야마 타이시, 하시모토 코키찌, 세소노 코오치, 다카하시 카쓰지, 하타노 가네시게였다「전라남도 사정지」, 광주의 부, 1931, 21쪽.

또한 1921년 10월 13일 자 매일신보에는 비아면 주민의 높은 교육열이 소개되었다.

기사의 내용은 비아면 주민들이 교육시기를 자각하고 자녀들은 학습 의욕이 왕성하여 자발적으로 2천 원圓의 거액을 모금하여 공립보통학교 설립운동을 전개한다는 보도이다.

1930년 당시 수업연한은 6년이었으며, 제3대 교장은 미야우치 쇼지 宮內昌治, 직원은 6명 일본인 남자 2명. 조선인 4명, 학급수 5학급, 아동 229명 남자 214명. 여 15명, 운영비 10,245원이었다.

인근 비아 신가리에는 1937년 5월 27일 비아남초등학교가 개교해 존속해왔으나 신창지구 택지 개발로 인해 1998년 2월 19일 제51회 졸업생을 마지막으로 폐교했다.

비아초등학교는 2018년 2월 95회 졸업생까지 합쳐 총 9,330명의 졸업생을 배출했다.

학교가 한창 번창할 때는 전교생이 1,300여 명에 달한 적도 있으나

일제강점기 비아초교 본관 건물(사진: 비아초교 제공)

지금은 학생 수가 줄어 약 400여 명이 재학하고 있다. 학교 행정실에는 제1회 졸업생부터 최근 졸업생까지 학적부가 남아 있어 학교의 오랜 역사를 증언하고 있다.

일제식 건물과 학교 풍경

1980년대까지만 해도 비아초등학교에는 일제식 건물이 있었다. 일제식 건물은 1921~1922년 무렵에 지어진 건물로 추정해볼 수 있다. 학교에서 보관 중인 사진첩 1926~1966 에는 개교 이후 40여 년간 변천 과정을 살필 수 있는 귀중한 장면들이 담겨 있다. 1950년 4월 12일 제27회 졸업사진을 보면 남학생들은 짧게 깎은 머리에 교복을 입었고, 여학생들은 단발머리에 흰 저고리와 검정 치마를 입었다.

이승만 대통령이 학교에 하사한 나무 묘목 식수 사진이 눈길을 끈다.

검은색 타르를 칠한 소나무 널빤지로 벽면을 마감 처리한 교사校舍는 긴 세월을 거치며 낡고 퇴색한 모습이었지만 오랜 전통을 말해주었다. 학교 건물의 배치는 교문과 정면으로 기다란 본관 건물이 있었고 오른편으로 교실 한 칸짜리 작은 별관이 있었다. 이 두 건물은 서로 마주 붙어 있어 특이한 구조를 이루고 있었다. 본관과 바로 옆 별관은 회랑으로 연결되었는데 거기에 반공관이 있었다. 반공관에는 북한의 군사 활동이 담긴 커다란 포스터와 사진, 표어들이 전시되어 눈길을 끌었다. 그리고 교문 왼쪽으로 일제강점기에 지은 교사와 1968년도에 지은 콘크리트 신관이 있었다. 그곳에서는 2,3학년 저학년이 수업을 했는데 교실 칸막이를 미닫이문으로 만들어 2개의 교실을 하나의 공간으로 합칠 수 있도록 하였다. 학부모 회의나 학예발표회 등 행사 때 이용하였다. 또한 본관 왼편에 상당히 큰 유리온실이 자리하고 있었다.

일제강점기 비아초등학교 사회 수업 장면. 교실 안에 세계지도와 난로가 보이고, 까까머리 남학생과 댕기머리를 한 여학생 모습이 눈길을 끈다.(사진: 비아초교 제공)

일제강점기 비아초교 학생들이 웃통을 벗고 검도훈련에 열중하는 모습(사진: 비아초교 제공)

일제강점기 비아초교 학생들이 밭에서 삽을 들고 농사일을 하고 있다.(사진: 비아초교 제공)

일제강점기 비아초교 초창기 졸업사진. 무사 복장을 하거나 군인 복장을 한 일본 교사의 모습이 눈길을 끈다.(사진: 서흥렬 씨 제공)

본관과 시멘트 스탠드 사이 화단에 벗나무가 줄지어 있었다. 운동장에는 커다란 히말라야시다 나무가 우뚝 솟아 있었고, 그 아래 콘크리트로 만든 야외수업용 원탁 테이블이 2~3개 정도 모여 있었다.

본관 뒤 쓰레기장 옆에는 커다란 히말라야시다 나무가 우뚝 서 있었는데 1990년대 어느 해 여름 불어 닥친 태풍에 의해 쓰러지고 말았다.

교실은 낡고 오래된 목조건물이라 화재에 취약했다. 1980년대 별관 건물이 방학 중 예기치 않은 화재로 소실되고 말았다. 또한 본관 등 나머지 건물도 학생들이 생활하는 데 불편함이 많아 2001년 10월 체육관 _{웅비관}을 포함하여 교사 3동을 신축했다.

그리고 큰 도로 _{신작로}에서 학교로 들어오는 진입로를 따라 큰 벗나무들이 줄지어 있었다.

1980년대까지 학교 옆 _{현재고속도로}에는 논이 자리하고 있었다. 여름 농사철이면 학교 언덕 아래 둠벙 _{웅덩이}에서 두 장정이 두레질을 하며 논에 물을 댔다. 물을 퍼 올릴 때마다 구령에 맞춰 내는 소리는 흥겨웠다. 그런데 학교 언덕 가에 그네를 세워놓아 마치 둠벙으로 떨어질 것처럼 아찔한 느낌이 들어 무서웠다. 어느 날 동네 형이 그네를 태워주겠다고 해서 탔다가 높이 구르는 바람에 떨어질까 무서워서 엉엉 울었다. 또 다른 둠벙에는 땅속에서 따뜻한 물이 솟아 한겨울이 되면 김이 모락모락 피어올랐다. 이곳에는 동네 아저씨 한 분이 늘 낚시를 하고 있었다. 깡통에 지렁이를 담아놓고 손으로 꿈틀거리는 미끼를 낚시 바늘에 꿰는 모습이 징그러우면서도 흥미로웠다.

교문 입구 주변에 소나무 밭이 있었다. 봄에는 연둣빛 새순이 자라나 따 먹기도 한다. 그러나 호남고속도로가 건설되면서 이들은 모두 사라졌다.

비아장과 맞닿은 학교 언덕배기에 작은 초가집이 있었는데 선생님들이 수시로 드나드는 모습이 궁금증을 일으키곤 했다. 이곳에는 산지기 김 씨의 집이 있었다고 한다.

일제강점기 비아초교 학생들이 조회 때 선생님께 단체로 경례하고 있는 광경. 한복을 입은 학생들의 모습이 이채롭다.(사진: 비아초교 제공)

아마도 이곳은 선생님의 하숙집이거나 밥을 해주던 곳으로 생각된다. 교장 관사 옆 대나무 숲을 지나면 초가집 한 채가 있었다.

학생들이 운동장에서 축구를 하다가 공이 유리온실로 떨어져 유리가 파손되는 사고가 종종 발생했다.

1학년에 입학하면 1주일은 교실에 들어가지 않고 운동장에서 학교 이곳저곳을 순례하며 적응훈련을 갖는다. 선생님이 빨강, 파랑, 흰색 등 반을 상징하는 깃발을 들고 "하나", "둘" 하면 학생들은 "셋", "넷" 하며 줄지어 따라 다닌다.

2학년 교실 천장에는 얇은 셀로판을 오려서 만든 모빌mobil이 매달려 있었다. 처음엔 그 조형물이 무슨 용도인지 알지 못한 채 그저 신기하게만 보였다. 한참 후 성인이 되어서야 모빌이라는 것을 알게 되었다.

1968년 2학년 어느 날 1교시가 시작되기 전 무렵이었다. 갑자기 옆 교실에서 소란스러운 소리가 들리기에 가보았더니 같은 동네에 사는 한 상급생이 말벌을 잡느라 야단이었다. 천장에 둥지를 튼 말벌이 날아다니는 것을 발견하고 '오빠시_{땅벌의 방언}'를 잡겠다며 책상 위에서 고무신을 가지고 포획에 나선 것이었다. 한참 말벌과 공중전을 벌인 끝에 체포에 성공한 그 상급생은 호기로운 웃음을 띠며 꿀을 먹겠다며 말벌의 침을 빨았는데 그 모습이 멋져 보였다.

2001년 학교 교사를 신축할 당시 교정에는 수령 120년이 넘는 소나무 한 그루가 있었다. 공사 과정에서 불가피하게 이 나무를 옮겨 심어야 했는데 고목이다 보니 이식 후에도 생존가능성을 장담하기 어려웠다. 이에 학교 당국과 동문들이 소나무를 살리고자 많은 노력을 기울인 결과, 다행스럽게 새로 옮겨진 자리에서 뿌리를 잘 내려 지금은 건강하게 자라고 있다. 현재 이 나무는 학교교훈이 새겨진 기념비와 함께 학교의 명물로 사랑받고 있다.

운동회와 소풍, 그리고 아련한 추억

비아동은 도시와 농촌의 점이지대에 위치해 농경시대 공동체의 전통이 아직도 남아 있다. 그리고 비아초등학교는 관내 유일한 초등학교로 지역사회의 애정이 남다르다. 선후배 간 우의가 돈독하고 나이 어린 재학생들에 대한 애정 또한 각별하다. 매년 개천절인 10월 3일이 되면 총동창회에서 주관하는 동문친선 체육대회가 열린다. 운동회 때는 선배들이 직접 디자인한 공책을 선물로 나눠주는 아름다운 전통이 30년 가까이 이어져오고 있다.

한때는 멀리 서울에 사는 동문들까지 버스를 대절해 참석해 1,500명이 모일 정도로 성황을 이루었다고 한다. 그리고 학교 행사나 시설 증개축이 있을 때 후원금을 내놓았다_{30회 졸업생 강양옥 씨 증언}.

일제강점기 비아초교 운동회 장면. 마을 주민들이 함께 참여하고 있고, 뒤로 보이는 초가집이 이채롭다.(사진: 비아초교 제공)

　또한 10여 년 전부터는 비아청년회 등이 주축이 되어 후원회를 결성해 2013년부터 비아동 꿈나무 장학 사업을 실시해오고 있다. 여기서 마련된 기금으로 2013년 첫해 129명 졸업생 가운데 70명에게 장학금을 수여했고, 2014년에는 123명 전원에게 장학금을 지급하는 등 10년 넘게 후배 사랑을 이어오고 있다.

　운동회는 시골학교의 최대 축제이다. 봄, 가을 두 차례 열리는데 수주일 전부터 학교 운동장에 만국기가 내걸려 축제 분위기를 띄웠다. 학생들은 하얀 티셔츠에 흰색 줄무늬가 새겨진 검은색 반바지 운동복을 입고 청군과 백군으로 나뉘어 예행연습을 했다.

　운동회 날에는 마을 주민들도 집에서 준비한 음식을 가져와 함께 참가했다. 주민들은 고구마를 삶아서 간식으로 가져왔다. 경기종목은 기마전, 바구니 터트리기, 100m 달리기, 계주, 줄다리기 등이 있었으며 종목당 점수를 합산해 승부를 가린다.

운동회 때 경기는 덤블링, 인간 탑3층 쌓기, 기마전, 달리기, 곤봉, 장애물 달리기, 고싸움 등을 하였다. 특히 고싸움은 비아초등학교의 전통이 되었다. 고싸움은 1978년 정양식 교사 현재 목사 가 처음 제안해 시작했다고 한다. 고는 대나무와 새끼줄을 엮어 만드는데, 암수 2개의 고를 완성하는 데는 보통 2주가량이 걸리는 힘든 작업이었다. 경기에 사용한 고는 일본식 교사 뒤편 처마 밑에 보관해두었다가 다음 해에 사용했다.

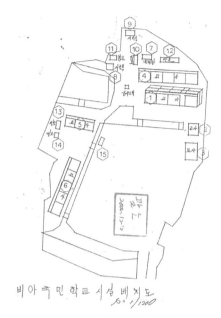

비아초교 구 건물 배치도(광산구청 토지대장)

소풍은 풍영정, 안청 냇가, 쌍암저수지, 신점저수지나 때로는 장성 진원 쪽 11기갑 부대 인근으로 갔다. 게임은 수건돌리기, 보물찾기, 노래자랑, 꼬리잡기, 2인3각 놀이를 하였다 이길옥 교사(1978년 10월~1983년 2월 재직) 증언.

1960년대는 가난한 시절이라 절반 이상이 도시락을 싸오지 못할 만큼 생활 형편이 어려웠다. 그래서 학교에서 학생들에게 강냉이죽을 쑤어서 나눠주었다. 그리고 빵 배급도 실시했다. 점심 무렵이면 천막을 두른 트럭이 기다란 '파고다빵'을 싣고 와서 각 학급마다 배급하였다.

학교 앞에는 문구점이 한두 곳이 있었다. 교문에는 '송인섭 증'이라고 새겨져 있었다. 학교는 1965년 철제 교문을 설치하는데 이때 미산리 출신 지역 유지인 송인섭 씨가 기증한 것으로 보인다.

비아초등학교는 장터 바로 옆에 위치해 장날이면 장꾼들이 교문 입구까지 난장을 펼쳐 시끌벅적했다. 장이 파하고 나면 인근에 사는 아이들은 상인들이 떨어뜨리고 간 동전을 주우러 시장 이곳저곳을 훑고 다니기도 했다.

1982년 비아초등학교 개교 60주년을 맞아 성대한 행사가 열렸다.

삼양타이어 회장 부인이 비아초등학교 출신이었는데 일본인 스승을 초청해 특별한 기념행사를 가진 것이다. 회장 부인은 이날 일제 소니제품 비디오 베타맥스, TV, 컴퓨터 등 교육 기자재를 자비로 구입해 학교에 기증했다. 또 해태제과 과자를 산더미처럼 가져와 학생들에게 나눠주었다 이길옥 교사 증언.

장학사 방문과 과일 전시회

1969년 어느 날 학교에 장학사 선생님이 오신다고 하여 학교가 떠들썩하였다. 아마도 초등학교 3학년 1학기 초 무렵이었던 것 같다.

그런데 담임 선생님이 수업시간에 학교에서 과일 전시회를 한다며 집이 과수농사를 하는 학생은 손을 들라고 하셨다.

우리 집이 감나무 과수원이었던 나는 손을 들었다. 나 말고도 서너 명이 더 손을 들었다.

선생님은 손을 든 학생은 청소시간에 청소하지 말고 집에 가서 과일을 가져오라고 하셨다. 그리고 이들 학생에게는 급식 빵을 특별히 챙겨주겠다고 하셨다.

나는 선택되었다는 사실에 기쁜 마음으로 걸어서 시오리나 되는 길을 달려 집에 도착했다. 어머니께 선생님으로부터 전달받은 사항을 말씀드리니 지금은 감이 하나도 없으니 대신에 배를 주시겠다며 대나무로 만든 선물용 과일바구니에 배를 가득 담아주셨다.

나는 배를 가득 담은 과일바구니를 들고 질척거리는 신작로를 걸어 학교로 향했다. 그런데 가는 도중에 과일바구니가 부실해 배가 질척거리는 흙탕길에 떨어져 흙이 묻고 말았다. 난감했지만 어쩔 수 없이 흙이 묻은 배를 다시 담아서 선생님께 전해 드렸다. 선생님께서는 수고 했다며 과일을 받으시고 급식 빵을 주셨다.

비아초교 졸업대장에는 제1회 졸업생부터 기록이 보존되어 있다. (사진: 비아초교 제공)

나는 급식 빵을 맛있게 먹었다. 그러나 이후 과일전시회를 한다는 이야기는 없고 조용히 하루가 지나갔다.

나는 당시에 이따금씩 '왜 과일을 가져오라고 했을까?', '과일전시회가 정말 필요한 것인가?' 하는 생각이 들곤 했다.

지금 곰곰이 생각해보니 장학사 선생님께 뭔가 대접을 해야겠는데 돈은 없고 하다 보니 이런 아이디어를 짜내지 않았을까 추측해본다. 가난하고 순수했던 시절의 에피소드라고 생각한다.

헛간에 숨겨둔 성적표

1960년대 말 초등학교 시절 이야기이다. 당시 초등학교 통신표 성적표 는 2학기가 끝난 후 학생들에게 직접 나눠주지 않고 방학 중에 우편배달부를 통해 가정으로 배달되었다.

교사들이 학기가 끝나고 나면 성적을 산출하고 학생 개개인에 대한 발달사항을 기록하려면 여러 날이 걸리는 데다 방학 중에는 학생들이 거의 학교에 나오지 않기 때문에 학생들 집으로 통신표를 우송하였던 것 같다.

당시 초등학교 2학년 겨울방학 무렵이었을 것이다. 어느 날 우편배달부가 통신표를 전해주러 집을 방문했는데 부모님이 안 계셔서 대신 형과

1983년 비아초교 전경으로 2층 슬라브 교실 건물 뒤편으로 일본식 교사가 보인다. 이 당시만 해도 옛 모습을 상당 부분 간직하고 있었다.(사진: 저자)

내가 받았다. 형은 나보다 한 학년 위인 3학년이었다. 통신표를 보니 형과 나 모두 기대 이하로 성적이 좋지 않았다.

아버지께 꾸중 들을 일을 생각하니 겁도 나고 눈앞이 캄캄하였다. 형과 나는 서로 얼굴만 쳐다보며 한숨을 쉬다가 통신표를 아버지 몰래 숨기기로 했다. 우리는 부엌 옆 헛간에 있는 항아리에 통신표를 넣고 뚜껑을 덮어 감추었다.

그러던 어느 날 아버지께서 통신표가 올 때가 됐는데 오지 않는다고 하시면서 우리에게 혹시 받은 적이 없느냐고 물으셨다. 형과 나는 받지 않았다고 시치미를 뚝 떼고 넘겼다.

그 후 한참이 지나서 봄 농사 준비를 위해 헛간을 둘러보시던 아버지가 항아리 속에 있는 통신표를 발견하셨다. 성적이 형편없는 것을 확인하신 아버지는 화가 잔뜩 나셔서 형과 나를 심하게 체벌하셨다.

그리고 우리는 다음 날부터 매일 아침마다 일어나자마자 툇마루에 무릎을 꿇고 앉아 교과서를 읽어야 했다. 아침 찬바람을 맞으며 책을 읽는 것이 여간 고역이 아니었다. 그때 읽었던 교과서 내용 중 일부는 지금도 머릿속에 생생히 남아 있다.

비아의 교육열과 무양중학교 설립

기록에 없는 비아중학교(1946~1949년)의 등장

비아는 농촌치고는 교육열이 남다른 지역이었다. 광복 전후에 면 소재지이면서도 일찍이 초등학교에 이어 중학교가 설립된 것은 당시로서는 드문 일이다. 이는 비아가 상업과 교통이 발달한 지역이어서 다른 곳보다 외부 문물을 빨리 접한 결과 부모들의 교육열이 높았던 것으로 보인다.

지금까지 알려진 바로는 비아에 중학교 육이 시작된 것은 1951년 6월 12일 문을 연 무양중학교가 최초이다. 이 학교는 1950년 4월 28일 무양서원이 설립인가를 받아 개교한 것으로 되어 있다.

그런데 무양중학교 개교 이전에 비아면에 '비아飛鵝중학교'가 존재했다는 기록이 있다. 1946년 광주에서 발행되던 동광신문東光新聞 7월 23일 자에 비아중 학생 모집광고가 실려 있는 것을 볼 수 있다. 모집인원은 남학생 60명, 여학생 50명으로 모두 110명

1946년 7월 23일 비아중 학생 모집광고가 실린 동광신문

이다. 당시에는 입학시험이 있었다. 이 학생모집 광고는 7월 26일과 8월 15일 두 차례 더 동광신문에 게재되었다.

무양중학교 설립과 관련된 또 다른 기록이 있다. 호남권 국학자료 현황 및 보존활용방안 연구사업' 자료집 _{서정현, 『호남권 국학자료 현황 및 보존활용방안 연구사업』 자료집, 2013, 135쪽} 에도 "탐진 최씨 문중이 1945년 비아중학교를 세웠다."라고 기록되어 있다.

그런데 1949년 호남일보 신문을 보면 흥미로운 기사 하나가 눈에 띈다. 그것은 바로 광복 후 일본인들이 물러가면서 적산이 된 과수원이 비아중학교 교육재산으로 이관되었다는 기사이다.

비아중학에서 8정보를 관리

분쟁 중의 적산과수원 문제 해결

【비아】광산군 비아면 일대에 남겨진 적산과수원을 싸고도는 가지가지의 분쟁은 해방 후 끊임없이 계속되어 세인의 물의 가운데 크게 주목을 끌고 있는 바이거니와 특히 그중 가장 넓은 면적에 시설이 정비되어 있는 선일인(조선에 정착한 일본인) 마부치(馬淵) 과수원은 아동 교육과 학교 재정을 목적으로 해방 직후부터 비아중학교에서 경영관리하려 하였으나 그 뜻을 이루지 못하고 있었던바 자치적인 동교 학생들의 의분은 참지 못한바 되어 금년 벽두부터는 본격적인 투쟁까지 일어날 암담한 공기 속에 쌓여 아직도 우리의 기억에 새로운 나주원예학교의 과원을 싸고돌던 분장사실을 연상케 되어 자못 그 귀추가 주목되고 있던바 학교 당국의 적절한 방안과 꾸준한 성의로 수차에 걸쳐 당국과 교섭한 결과 12정보(12ha)의 전 면적 중 약 8정보(8ha)를 경영 관리하도록 쾌락을 얻어 위기일발에 무사히 일단락을 보게 되었다고 한다. 그런데 동 과수원의 분할될 부분에 대해서는 다른 개인이 관리케 된다는바 한 과원을 양

단함은 부자연한 현상이요, 관리 경영에도 막대한 지장이 있지 않느냐는 동교학구(學區)인 6개 면민의 분위기에 비추어 차후의 문제는 자못 주목을 끌고 있다.

기사에 따르면 비아면에서 가장 넓은 조선일본인 마부치 馬淵 소유 과수원 전체 12정보; 12ha 에 대해 광복 직후부터 비아중학교에서 교육 재정을 목적으로 관리하고자 했으나 뜻을 이루지 못하자 학생들이 집단행동을 벌일 조짐이 있어 12정보 12ha 가운데 8정보 8ha 를 학교에서 관리하도록 한 사실이 보도되었다. 그리고 나머지 4정보 4ha 는 개인에게 불하될 예정으로 하나의 과수원을 2개로 분할하는 것에 대해 운영상 문제점을 지적하고 있다 신문 및 사진 기사 내용 발췌 .

일본인 마부치 소유 과수원의 위치를 확인하기 위해 광산구청에서 구 토지대장을 확인한 결과, 김정문 씨 소유 중앙농원과 일치했으며 마부치의 정식이름은 마부치 이치지 馬淵一二 로 표기

1949년 호남신문에 보도된 쌍암 적산과수원의 비인가 비아중학교 학교재산 활용 기사

되었다. 따라서 마부치의 과수원은 현재의 김정문 씨 소유 중앙농원과 비아중학교 소유 교육재산으로 나뉘어 있는 것으로 볼 수 있다.

이 기사로 미뤄볼 때 광산군 비아면 일대 남겨진 적산과수원 처리문제를 놓고 광복 직후부터 지역 내 분쟁이 상당기간 지속되었음을 알 수

있다. 또한 "조선일본인 마부치 馬淵 과수원은 아동 교육과 학교 재정을 목적으로 광복 직후부터 비아중학교에서 경영관리하려 하였으나 그 뜻을 이루지 못하고 있었던바 자치적인 동교 학생들의 의분은 참지 못한 바 되어"라는 기사 문장을 볼 때 광복 1945년 이전 혹은 직후부터 비아중학교가 존재했음을 추정해볼 수 있다. 그리고 '자치적인 동교학생'이라는 표현은 이 학교가 광복 후 자치적 自治的 으로 운영되지 않았을까 추측하게 한다.

비인가 비아중학교 설립 후원을 비롯하여 지역 발전에 공이 컸던 김경렬 비아면장의 공덕비(사진: 저자)

이와 관련 주목되는 인물로 일제강점기 비아면장을 지낸 김경렬 金景烈, 1891~1947 이 있다. 알려진 바로는 그는 비아중학교를 설립할 때 필요한 기금 전액을 마련했다는 것이다 광산향토사연구소, 『광산외사록 제1집』, 1992; 행복둥지 아산마을사람들, 『까마귀 행복을 품다』, 2014. 그의 공덕비가 웃 장터 호반아파트 근처 대로변에 세워져 있다.

그러나 현재 비아중학교 공식 기록에는 1950년 4월 28일 무양서원 설립인가를 받아 1951년 6월 12일 개교한 것으로 되어 있어 앞서 언급한 광복 직후 설립된 비아중학교와는 연혁 沿革 상으로 불일치하다.

하지만 당시에 인구가 적은 면단위 지역에 2개의 중학교가 존재한다는 것은 상식적으로 불가능하고, 이후 비아중학교에 대한 기록이 존재하지 않으므로 비아중학교와 무양중학교가 서로 밀접한 연관성이 있지 않을까 하는 추측을 해보게 된다.

1952년 입학한 박종채 씨 81세, 비아 안청 출신 는 "1952년에 입학 당시 대부분의 중학교가 6년제였는데 무양중학교는 4년제 학교였다. 나중에 3년 제로 바뀌었다. 무양중학교는 처음에 비아중학교였으며 비아초 부근 옛날 방앗간이 있던 곳에 교사가 있었다. 무양중학교는 나중에 비아동 724번지로 이전했다."라고 회상했다.

1946년에 설립된 비아중학교는 이후 매년 동광신문과 호남신문에 학생 모집 광고와 신년축하광고를 실어오다가 1949년 1월 19일 자 호남신문 신년축하 광고를 마지막으로 신문지상에 더 이상 보이지 않는다.

1949년 1월 호남신문에 비아중학교 신년축하 광고가 실려 있다.

비아중학교 제1회 졸업생인 서흥렬 씨[88세, 내촌 출신]는 "1945년 8월 광복이 되어 일본교사들이 물러가자 한국인 교사와 학생들이 모여 '훈민정음'이라는 한글공부 모임을 만들었는데 이 모임이 비아중학교 태동의 시초가 됐다."라고 설명했다.

서 씨는 비아중 입학사진과 졸업사진, 교지 창간호를 지금껏 소중히 보관해오다 필자에게 제공해주었다. 이들 사진과 문집을 살펴보면 비아중학교의 초창기 모습을 가늠할 수 있다.

입학사진 뒷면에 표기된 날짜를 보면 '1947년 4월 16일 비아중학교 제1학년 때'로 메모되어 있다. 그리고 졸업사진은 사진 겉면 아래에 '비아중학교 제1회 졸업기념 단기 4282. 5. 15.'로 표기되어 있어 1949년 5월 15일 졸업한 것을 알 수 있다. 이에 앞서 비아중학교는 1946년 7월 23일 자 동광신문에 남학생 60명, 여학생 50명 등 모두 110명의 학생 모집광고를 실었다.

따라서 비아중학교는 1946년 개교 준비 과정을 거쳐 이듬해 봄 제1회 입학생을 맞이한 것으로 보인다. 즉, 1947년 4월 16일 무렵 개교했으며, 2년 교육과정의 비인가 중학교이었던 걸로 추정된다.

그런데 입학사진을 보면 교직원 8명, 남학생 108명으로 여학생이 한 명도 보이지 않는 것이 의아스럽다. 아마도 여학생 지원자가 거의 없어 모두 남학생으로 정원을 채운 것으로 추측된다.

또한 1949년 졸업사진에는 교직원 12명, 학생 60명으로 교직원은 증가한 반면 학생 수는 48명이 감소해 2년 사이에 가정 형편 등으로 중도 탈락자가 많았음을 짐작할 수 있다.

이와 함께 교지 창간호 '먼동'을 통해서도 학교의 면면을 살필 수 있다. 비록 형편이 여의치 않아 등사기를 밀어서 만든 문집이지만 시집 크기의 42쪽 교지에는 학교 교가를 비롯해 교사와 학생들의 패기 넘치는 평론과 문예작품이 실려 있어 당시 시대상을 엿볼 수 있다.

1회 졸업생 가운데 이덕재 씨는 비아면사무소에 근무하다가 교사로 전직해 교단에서 정년퇴직한 후 광주향교 전교를 역임했다.

비중의 노래

1. 먼동 터오른 저 높은 곳 /
   우뚝 선 무등산 호남 봉우리 /
   배움들아 나서라 기빨 높이어 /
   우렁찬 목청으로 두 발 맞추자
2. 모여라 그 힘과 그 뜻 다스려 /
   아름다운 우리들의 피와 땀으로 /
   가을 동산 들 위에 벼는 고개 져 /
   눈나비 겨울 밤에 우슴 봉우리
3. 보아라 꺾지 못할 그 기상을 /
   손목 잡고 등대어 씩씩하도다 /
   기쁜 날 우리 하늘 우리 나라에 /
   빛나도다 우렁찬 비중의 노래
4. 스승과 배움이 하나이 된 /
   우리들 가는 곳 자라는 곳은 /
   수 많은 배움중에 가장 빛나는 /
   삼천 리 무궁화 비중이란다

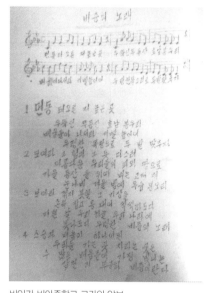

비인가 비아중학교 교가와 악보

〈교지에 실린 시〉

먼 동

먼동이 튼다 / 기나긴 어둠이 가고 / 동녘 하늘에 새 빛이 찾아 온다 /
어둠 속 헤치고 밝음을 찾아가는 / 비중의 앞길에도 / 먼동이 튼다 /
무등메 위에 샛별 하나이 / 빛난 비중생의 눈동자처럼 반짝인다 /
벗들아! 젊은 벗들아! / 먼동 앞에 두 손을 높이 들고 /
건설하러 가세나 / 씨뿌리러 가세나

교지에 실린 글 가운데는 학교의 열악한 환경이 드러나기도 한다. "대를 쪼개어 가로 세로 엮어낸 창살, 종이도 못 바른 채 앙상하고나. 눈보라는 날아들어 뺨과 손을 때리고 화덕은 싸늘한 채 한쪽 구석에 앉아 있다. 펜을 잡은 손 새파랗게 질리고 쑤셔도 오, 빛나는 벗들의 눈동자여, 장하다 비아중학도 앞날의 새 일꾼." 이 숲안못의 시 〈옷, 벗들이여〉에서

이 글에서 보듯이 교실은 제대로 된 창문이 없어 대나무를 쪼개어 창살을 만들어놓고 종이도 붙이지 않은 채 임시방편으로 가리고 있다. 그래서 겨울이면 눈보라가 교실 안까지 파고든다. 게다가 화덕은 싸늘하게 식어 학생들은 온몸을 오들오들 떨면서 공부한다. 그래도 학생들은 희망과 꿈을 가지고 배움의 열정을 불태우고 있다.

이상 문헌자료와 증언을 통해 살펴볼 때 비아중학교와 무양중학교는 어쩌면 뿌리가 같은 학교가 아닐까 유추해본다. 특히 비아중학교가

1949년 비인가 비아중학교 1회 졸업사진(사진: 서흥렬 씨 제공)

1949년 1월을 끝으로 신문지면에서 자취를 감춘 후 이듬해인 1950년 4월 무양서원에서 무양중학교 설립인가를 받은 것으로 봐서 여러 정황상 무양중학교가 비아중학교를 계승한 것으로 보는 게 타당할 것 같다.

　다만 비아중학교 법인 무양서원 측에서는 이에 대해 "전혀 아는 바가 없다."라고 말하고 있어 보다 정밀한 확인 작업이 필요할 듯하다.

비인가 비아중 문예반 학생들이 나승복 선생님과 함께 찍은 사진(사진: 서흥렬 씨 제공)

선비의 학풍 무양중학교

비아에 6·25 전쟁 중인 1951년 6월 12일 탐진 최씨 문중이 설립한 무양중학교가 개교했다. 무양중학교는 오늘날 비아중학교의 전신이다. 무양중학교는 첨단단지 조성을 계기로 1992년 11월 28일 교명을 비아중학교로 변경했다. 무양중학교는 1950년 4월 28일 재단법인 무양서원 설립인가를 받아 한국전쟁 중인 1951년 6월 12일 개교했다. 무양중학교가 위치한 땅은 원래 누에를 키우는 잠사 蠶舍 가 있었던 곳으로 알려졌다. 황토 토질이 좋아 뽕나무 재배에 적합했다.

광산구청 토지대장 확인 결과 비아동 724번지는 1938년 1월 12일에 조선생사주식회사 소유로 되어 있다. 조선생사주식회사는 대구에 본사를 둔 일제강점기의 기업으로 견직물의 원료인 생사 生絲 를 생산하는 회사이다. 아마도 이 회사 소유의 뽕밭과 누에를 키우던 잠사가 있었던 것으로 짐작된다. 무양중학교의 학군은 비아, 하남, 장성 남면, 장성 진원, 지산면 등 5개 면을 포함하고 있었다. 이는 비아장의 상권과도 일치한다.

그러나 첨단단지가 들어서면서 비아중학교는 당시 자리에서 조금 옮겨 현재 위치로 재배치되었다. 과거 중학교 부지 상당 부분이 현재 지스트 GIST 부지로 편입된 상태이다.

1961년 입학한 서인섭 씨는 "무양중학교는 학교 시설이 열악했다. 교실 마룻바닥이 뜯어져 바닥 흙이 보이기도 했다. 학교 옆에 과수원이 있어 학생들이 개구멍으로 몰래 들어가 과일 배 을 따먹기도 했다."라고 기억을 더듬었다.

박흥식 비아농협조합장 1958년생 은 "무양중 이사장은 아주 엄하고 강직한 분이셨다. 광주 시내에서 출퇴근하지만 관사에 머물면서 학교 살림을 꼼꼼히 챙겼다."라고 학창시절을 떠올렸다.

1972년 무양중학교(현 비아중) 교정 전경(사진: 비아중 제공)

　1960년대 무양중학교에서는 추석이 다가오면 교내 축제를 벌였다. 마을 어르신들을 초청해 강강술래와 태권도 시범 등을 선보이고 떡과 과일 등 맛있는 음식도 대접했다. 휘영청 보름달 아래 흰 저고리에 검정 치마를 입고 강강술래를 노래하는 여학생들의 모습은 어린 가슴에도 뭉클한 장면이었다. 손에 손 잡고 둥글게 원을 그리며 군무를 펼치는 여학생들이 마치 하늘에서 내려온 선녀인 듯 아름다웠다.

　1960~1970년대 재학생들의 수학여행 장소는 주로 충남 부여 혹은 경주였다. 소풍의 경우 광주공원과 사직공원을 둘러보고 현대극장에서 영화를 관람하는 것으로 일정이 짜였다.

　역대 교장의 출신대학을 살펴보면 개교 초창기에 대부분 일본에서 공부한 유학파가 많다는 것도 특징적이다. 또 이사장 가운데 이름난 인사로 2대 최상채 박사는 전남대 초대 총장을 지냈고, 5대 최정기 이사장은 6대 국회의원과 전남도교육감을 역임한 인물이다.

무양중학교 아침 조회 광경. 뒤로 과수원이 보인다.(사진: 비아중 제공)

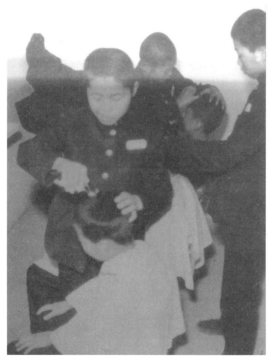

무양중학교 학생들이 이발 실습을 하고 있다.(사진: 비아중 제공)

1990년대 초 첨단단지 조성 공사 기간 동안 학교는 원주민들이 떠나면서 거의 폐교나 다름없을 정도로 소규모 학교로 축소되었다. 채 100여 명도 안 되는 학생과 교사 몇 명, 직원 2명 등이 남아서 겨우 명맥만 유지했다.

빈 교실은 광주과기원이 설립 준비를 위해 빌려 쓰고 있는 상황이었다. 주변은 온통 공사장으로 변해 황토밭으로 바뀌었다. 비아중학교 옛 교실 일부가 현재 남도굿마당 건물로 이용되고 있어 그 흔적을 엿볼 수 있다.

무양중학교는 학교 주변에 과수원과 전답 등 많은 수익재산을 가지고 있어 첨단단지 개발과정에서 거액의 보상금을 받았다. 현재도 첨단단지 주변 여러 곳에 자투리땅을 소유하고 있다.

무양중학교는 첨단단지로 편입돼 폐교 위기에 놓이자 광주 시내 금호지구로 이전할 계획을 세웠다. 그러나 금호지구 주민들의 강력한 반대로 이전계획을 포기하고 그대로 첨단단지에 남게 되었다. 결국 보상금을 가지고 현재의 위치인 월계동 904번지에 1995년 1월~1996년 2월의 교사 신축 공사를 거쳐 교명도 비아중학교로 바꾸고 현재의 학교 모습으로 탈바꿈했다. 학교 부지는 1만 4,422m² ^{약 4,300평}로 27개 학급에 1,078명의 학생이 재학하고 있다. 그런데 오히려 이것이 전화위복이 되어 지금은 명문학교로 발돋움했다.

특히 바로 가까이에 지스트 GIST 가 개교하면서 교수와 행정직원, 연구원 자녀들이 이곳으로 진학하자 면학 분위기는 더욱 뜨거워졌다. 그리고 학부모들이 '학부모 독서회'를 조직해 독서지도와 가죽공예 등 여러 가지 프로그램을 운영하면서 지역사회와 함께 하는 학교로 발전했다. 한때는 비아중학교에 입학하기 위해 치열한 경쟁이 벌어지기도 했다.

현재의 비아중학교 교정 전경(사진: 비아중 제공)

2019년 1월 31일 현재 제69회 졸업생까지 누적 졸업생은 12,109명
남 6,407명, 여 5,702명 이다. 비아중학교는 광산구 내에 고등학교가 부족해 광
주시교육청의 인가를 받아 고등학교 남녀공학 로 전환을 진행 중이다.

무양중학교의 모체 무양서원

현 비아중학교의 전신은 무양중학교이다. 그리고 무양중학교를 설립
한 주체는 탐진 최씨 문중의 학교법인 무양서원이다. 탐진 최씨 문중은
광산구 월계동 535-1번지에 무양서원 광주광역시 문화재자료 제3호 을 세워 조상
을 기리고 후학을 가르쳐왔다. 문중에서 기금을 모아 중학교를 세운 것
이다.

무양서원은 고려 인종 때 어의 御醫 이면서 명신인 장경공 최사전 崔思全
을 중심으로 그의 후손 4명 손암 최윤덕, 금남 최부, 문절공 유희춘. 충열공 나덕헌 을 모시
고 있는 서원이다. 매년 음력 9월 6일에 제사를 모시고 있다.

무양서원의 명칭은 광주의 옛 이름 '무진지양 武珍之陽 '이라는 뜻에서
지었다.

최사전 1077~1139 은 고려 인종 때 의관·문신으로 탐진 최씨의 시조이다. 내의 內醫 로 예종의 등창을 가볍게 보고 치료하지 않은 죄로 2년 도형 徒刑 을 받았다. 소부소감 小府小監·군기소감 軍器小監 벼슬을 지냈으며, 1126년 이자겸의 난이 일어나자 자겸의 심복 탁준경을 설복시켜 이자겸을 제거하게 하여 공신이 되었다.

최윤덕은 조선 개국 후 벼슬을 사양하여 광산으로 귀양을 갔는데 그는 후손들에게 벼슬을 하지 말 것, 집 안에 사당을 세우지 말 것, 토지를 많이 거두지 말 것 등을 가르쳤다고 한다.

최부 崔溥, 1454~1504 는 성종 때의 문장가로 자는 연연 淵淵 으로 김종직의 문인이다. 1477년 성종8 진사에 급제하고 1482년 친시문과에 을과로 급제, 여러 관직을 거쳐 동국통감 편찬에 참여하였다. 1487년 추쇄경차관이란 직책으로 제주도에 갔다가 이듬해에 부친의 부음을 받고 돌아오다 풍랑을 만나 중국 저장성 浙江省 닝보부 寧波府 에 표류, 온갖 고난을 겪고 반년 만에 돌아온 뒤 왕명으로 '표해록'을 저술하였다.

류희춘 柳希春, 1513~1577 은 자는 인중 仁仲 , 시호는 문절공 文節公 으로 최부의 외손이다. 을사사화에 관련되어 제주 등지에서 20여 년간 귀양살이를 하였다. 선조 때 풀려나와 여러 관직을 맡았으며 '미암일기'를 남겼다.

나덕헌 羅德憲, 1573~1640 은 최부의 외손으로 1624년 이괄의 난에 공을 세워 진무원종 공신이 되었다. 금나라에 여러 차례 사절로 다녀왔으며 벼슬을 하직한 후 나주로 귀향해 평생을 살았다.

경내에는 동재 東齋 인 성지재 誠之齋 와 서재 西齋 인 낙호재 樂乎齋 그리고 무양사 武陽祠 가 있다. 강당인 이택당의 좌우에 합의문과 합인문이 있다 광산구지 .

무양서원은 1984년 시지정문화재자료 제3호로 지정되었으며, 이 일대는 무양공원으로 잘 가꿔져 있다. 이 산기슭 안동네 내촌 內村 에는 탐진 최씨 집안이 주로 살고 있었다. 옛날에는 광주 탁씨들이 살았던지

내촌 뒷산에서 탁씨의 부인 회격묘[1]가 발굴되었다. 옛 동창東倉 터도 이곳에 있고 옻당산, 귀향나무당산, 중당산, 할머니당산, 아랫당산 등 여러 당산터 이름이 전해온다. 오늘날 이 동산 서쪽에 산월초등학교가 있으나 산월동네는 본디 무양서원 동쪽 산월동에서 따온 이름이다 ^{김정호,} 『광주산책 上』, 2014, 308∼309쪽 .

조선시대에 개장한 비아장

광주 지역 시장의 변천

전통시장이란 5일마다 한 번씩 서는 장을 말한다. 장은 농경사회의 잉여 생산물을 매매하고 교환하는 장소로 발전하였다. 신라 소지왕 때부터 이미 장을 행정관리 대상으로 삼아왔던 기록이 있다. 문헌상으로 살펴보면 15세기 말 조선시대에 나주에서 처음 등장했으며 임진왜란 이후 그 수가 증가하였다. 특히 전라도는 농산물이 풍부해 경상도와 함께 시장市場 이 성행했다.

조선 영조 재위 연간1770 에 홍봉한 등이 쓴『동국문헌비고』에 따르면 광주 지역에는 6개의 시장이 있었다. 광주군 내 6개 시장은 광주 큰 장, 광주 작은 장, 송정장, 비아장, 우치장, 봉봉정蓬峯亭 장을 말한다.

그 후 서유구1764∼1845 가 쓴『임원십육지: 정조지 林園十六志: 鼎俎志 』에는 4개로 감소한다. 1910년대 일제에 의해 조사 편찬된『조선지지자료 朝鮮地誌資料 』에는 광주에 7개 시장이 존재한 것으로 나온다. 7개 시장은 큰장, 작은장, 평촌장충효동 , 비아장, 대치장, 서창장, 선암장인암동 이다. 대치는 광주에 속했다가 나중에 담양으로 편입된다.

---

1   (편집자 주) 관을 구덩이 속에 내려놓고, 그 사이를 석회로 메워서 다진 묘.

조선시대 전통시장의 풍경을 한눈에 보여주는 풍속도(민화)

		조선시대		1938년 (일제강점기)	1995년	비고
	1770년 (동국문헌비고)	1830년 (임원십육지)	1872년 (군현지도)			
광주	큰장	부동장	큰장	부사장		현재 양동시장
	작은장	공수장	작은장			현재 남광주시장
	서창장					
	대치장					담양 삼거장과 동일
	신장					위치 미확인
	선암장	선암장	선암장			광주 서남동 일대
		용산장	용산장			
			비아장	비아장	비아장	
				임곡장		
				송정장	송정장	
					말바우장	
계	6곳	4곳	5곳	4곳	3곳	

비아장이 서는 날에는 비아중앙로 인도에 노점이 들어서 할머니들이 좌판을 펼친다.(사진: 김승현)

비아장은 장성으로 이어지는 길 주변현 광산구 비아동 83-5에 있었다. 조선시대 비아는 장성, 전주와 연결되는 교통의 요충지로 한양에 가기 위해서는 반드시 이곳을 거쳐야 했다. 1872년 광주목지도를 보면 '飛鴉市비아시' 표기가 나온다. 이 지도에는 광주 지역에 큰장, 작은장, 선암장, 용산장, 비아장 등 5개의 장이 존재한 것으로 나오는데 이로 미뤄볼 때 이미 조선시대 후기부터 장이 선 것으로 보인다.

광주와 접경 지역에서 자연적으로 형성되어온 비아장은 1964년 10월 1일 공식적인 전통시장으로 등록되었다. 광산군지1981에는 비아장이 일제강점기인 1921년에 개설되었다고 기록되어 있다.

비아장과 '신거무장'의 전설

비아장은 원래 장성군 진원면에 위치한 승가마을에 있었던 '신거무장'을 옮겨온 것이라고 한다. 지금도 광주 북부와 장성 일대에는 '신거무장'과 관련한 전설이 구전되고 있다.

'신거무장'에 관한 전설을 장성군 홈페이지를 참조해 소개하면 다음과 같다.

옛날 진원현 고산리 ^{현 진원면 고산리} 에는 독기 품은 '거무 ^{거미의 전라도 사투리}'의 형상을 가진 '신거무'라는 사람이 살고 있었다. 그는 힘이 세고 흉한 생김새 탓에 주변 사람들로부터 따돌림을 받으며 성장했다. 그는 청년이 되어서는 말로 표현할 수 없을 만큼 성격이 난폭해져 조금만 비위에 거슬리면 사람을 가차 없이 죽이는 등 악행을 일삼았다. 특히 고을 현감이 부임해 내려오기만 하면 그날 저녁에 죽여버리기 때문에 감히 현감으로 내려올 사람이 없었다.

그러던 중 중종 때 낙향해 있던 송 정승의 아들이 아버지에게 자신이 신거무를 처리하겠다며 진원 현감으로 보내줄 것을 간청했다. 아버지는 아들의 목숨이 위태로워질 것을 우려해 완강히 반대하였으나 아들의 뜻을 꺾을 수 없었다. 며칠 후 정승의 아들이 현감으로 부임했으나 신거무도 죽고 현감도 죽었다는 소식이 들려왔다.

아들의 상여가 들어온 날 송 정승의 눈에 신거무가 시퍼런 칼을 들고 들어오는 것이 보였다. 이에 송 정승은 관을 내놓으라고 명한 뒤 송 정승이 관 머리를 회초리로 때리면서 "너 왜 애비의 말을 거역하고 훌륭한 신거무를 함부로 죽였냐?"라고 호통을 쳤다고 한다.

이 광경을 지켜본 신거무는 흐뭇한 미소를 지으며 정승에게 큰절을 하고 "덕 높은 정승을 뵈어서 아주 기쁘다."라면서 홀연히 사라졌다고 한다.

아들의 장사를 치른 그날 밤 정승의 꿈속에 신거무의 혼령이 나타나 소원 하나를 들어줄 것을 부탁했다. 소원은 다름이 아니라 신가래라는 마을에 장^場과 다리^{橋梁}를 만들어달라는 것이었다. 이튿날 송 정승은 이 사실을 조정에 알려 장과 다리를 만들어주어 신거무의 소원을 풀어주었다. 그 후로 사람들은 이 장을 '신거무장'이라고 부르고, 이 다리를 '신거무다리'라 불렀다고 한다.

그런데 신거무장이 선 이후 매번 장날이면 가장 늦게 돌아가는 사람이 계속해서 죽음을 당하자 현재의 비아동으로 장을 이전했다고 한다. 그리고 이런 연유로 사람들은 장에 나오면 일찍 돌아가는 풍습이 생기게 되었다고 한다. 그리고 지금도 많은 사람이 모였다가 갑자기 흩어지는 것을 가리켜 "신거무장 파하듯 한다."라는 속담이 전해오고 있다.

이에 대해 한 민속학 연구자는 "신거무장의 전설은 승가마을장의 이전 폐쇄에 따른 아쉬움이 전설의 형태로 남은 것"이라고 주장했다.

비아장의 여러 가지 이름들

비아장은 시대의 흐름 속에 여러 개의 이름으로 불렸다. 1910년대 일제강점기에 작성된 『조선지지자료』 김정호 편저, 2017 에는 비아장의 이름이 한자로 '飛鴉市', 한글로는 '비아메장', '비아, 아래장테'로 나온다 김정호 편저, 259쪽 .

향토사학자 김경수 씨는 '비아메장'으로 표기한 것에 대해 비아시장이 산 구릉에 위치하기 때문이라고 설명한다. 실제로 비아장은 종종 아산장 鴉山市 으로 불렸다. '비아메장'을 한자로 표기하면 '鴉山市 아산시 '가 되는 것이다. 또 1909년 발간된 탁지부 度支部 사세국 司稅國 의『한국각부군시장상황조사서』에는 천곡시장 泉谷市場 으로 소개되는데 이는 당시 비아장이 광주군 천곡면에 속해 있었기 때문이다.

비아에 장이 들어서게 된 것은 이곳이 교통의 요지인 까닭이다. 비아장은 광산구 송정동, 임곡동, 첨단단지와 전남 장성 및 담양과 연결되는 교통의 요지에 위치해 있다. 조선시대 서울에서 전라남도 서남부로 오는 길은 장성 갈재를 넘어 못재 → 진원면 영신역 → 신거무장터 → 선암역을 거치거나 아니면 장성 황룡장터에서 임곡과 본량을 거쳐 나주로 가는 길이 있었다. 그리고 광주 방면으로 가려고 한다면 영신역에서 지금의 국도 1호선을 따라 걸어야 했는데 이 나들목에 바로 비아장이 위치해 있다.

특히 일제강점기 국도 1호선이 장터 옆으로 지나면서 과거 임곡면, 하남면, 우치면, 장성 남면과 진원면 등 주변 5개 면 주민들이 이곳을 이용하게 되었다. 지금도 비아장이 서는 날이면 인근 주민들이 서로 만나 안부를 묻는다.

비아시장 입간판. 비아시장은 예전만은 못 하지만 장날이면 광주 시내뿐 아니라 인근 첨단이나 장성 남면 주민들까지 찾아와 옛 시골장의 정취를 느끼게 한다.(사진: 저자)

1960~1970년대 비아장날이면 비아면 소재지 일대가 축제장처럼 들썩거렸다. 우체국 등이 자리한 읍내대로 비아중앙로 뒤편에서 비아초등학교 앞까지 장옥 상점이 잇따라 늘어서 온갖 신기한 물건들을 진열해 놓고 난전을 펼쳤다.

신기료 장수가 고무신을 때우는 광경, 튀밥 장수가 "뻥~" 소리와 함께 흰 연기를 피워 올리는 광경은 조마조마하면서도 호기심을 자극했다. 그리고 대장간에서 풀무질을 하면 시뻘겋게 달아오른 쇠붙이를 쇠망치로 두드려 낫과 쇠스랑 등 농기구를 만드는 광경이 아련하다.

대장간은 도축장 옆에 있었는데 서인섭 씨 선친이 가족 4명과 함께 일꾼을 두고 운영했다. 일꾼 한 분이 최근까지도 시장 입구에서 대장간을 이어오고 있다. 서인섭 씨는 부친이 대장간을 한 인연으로 지금도 비아에서 철물점을 운영하고 있다.

시장은 아이들의 놀이터이자 놀잇거리를 얻는 횡재의 장소였다. 장옥을 돌아다니며 속옷 묶은 끈을 주워 팽이채를 만들기도 하고 떨어진 동전을 주워 과자를 사먹기도 했다. 그래서 장이 서는 시기에 학교에서는 학생들이 방과 후에 시장을 배회하지 않도록 특별지도를 하기도 했다.

광산군 정기시장 현황(1976년 초)

시장	장날	건평	실부지	가축시장	거래액(천 원)	고정상인	이동상인	이용자	소두수	돼지두 수	수소비율
송정시장	3,8	928	1,640	600	13,800	150	300	1,870	250	100	60
송정매일	매일	–	–	–	–	–	–	–	–	–	–
비아시장	1,6	350	580	30	6,800	70	100	600	0	0	0
임곡시장	2,7	45	170	0	448	15	35	200	0	0	0
삼도시장	1,6	0	0	0	1,040	20	50	200	4	0	90
대촌시장	5,10	0	30	300	1,050	10	20	80	0	0	0

* 김성훈, 『한국농촌시장의 제도와 기능연구』, 1977, 388쪽

비아장의 번창과 쇠락

이처럼 교통의 요지라는 입지를 바탕으로 비아장은 송정시장과 더불어 광산 일대 중심시장으로 성장했다. 1938년 시장 상황을 전해주는 『조선の 시장』에는 비아장의 거래 규모를 18만여 원으로 기록하고 있는데 이것은 인근의 다른 장보다 훨씬 많은 액수이다.

당시 시장에서 가장 거래량이 많은 품목은 미곡류로, 전체의 60%를 차지하고, 생선류는 15%, 나머지는 면포류, 견포류, 육류 등이 차지했다.

쌀을 거래하는 장소인 싸전은 시장 밖 지금의 비아동천주교 아래 공터에 따로 있었다고 한다. 싸전의 위치가 이곳에 생긴 이유는 비아시장은 협소하고 혼잡해 쌀가마를 싣고 온 소달구지들이 드나들기 불편했기 때문이었을 것이다. 그리고 이곳은 지금 호반아파트 자리에 있었던 정미소와도 가까워 쌀을 거래하기에 편리한 장소였다.

비아시장 장날 중앙통로에 가게들이 즐비하다.(사진: 김승현)

과거 비아장이 성장할 수 있도록 활기를 준 것은 우牛시장이었다. 일제강점기부터 광주, 전남 장들의 상당수가 우시장을 겸해 열렸는데, 광주에는 송정장과 비아장에 우시장이 있었다. 1970년대 중반 비아 우시장 면적은 300평 정도로 크지 않았다. 600평 규모의 송정 우시장의 절반 수준이었다. 그럼에도 비아 우시장은 유명세 탓에 광주는 물론이고 인근 장성, 담양, 함평 등지에서 소를 팔고 사려는 사람들로 북적거렸다. 그러나 점차 장성의 황룡 우시장이 커지면서 비아 우시장은 오래 지속되지 못했다.

우시장의 위치는 현재 '비아5일장'이라고 쓰인 대형 입간판 아래쪽에 있었는데 이곳에서 도축도 행해졌다고 한다. 나중에 이 우시장은 황룡장으로 통폐합되었다. 도축장이 있던 장소에 지금은 커뮤니티센터가 들어서 있다.

우시장 이외에도 비아장을 번성하게 했던 것은 비아면 전체에 걸쳐 성행했던 무 재배였다. 즉, 가격 변동 폭이 크지 않은 쌀에 비해 무는 일시에 큰 수입을 가져다주었던 탓에 그만큼 농가의 소득을 높이고 장의 매기買氣를 높여주는 구실을 했다. 이 같은 무 재배 열풍은 비아장의 장세를 확장시켰다.

그러나 1980년대 무의 과잉생산이 문제되었고 여기에 가격 폭락이 겹치면서 무 재배 열기가 주춤해졌다. 그리고 1990년대 초에 무 재배는 완전히 사양화되면서 비아장도 침체 국면에 접어들기 시작했다.

1970년대 중엽 비아장에서 고정적으로 장사를 하는 상인이 70명, 장꾼이 100여 명 그리고 이곳을 찾는 소비자들이 약 600여 명에 이르렀다. 비아장1. 6일은 장성 사람들과 일부 담양 주민들이 이용하고 있었으며, 주변의 임곡장2. 7일을 흡수하여 한때 성행하였다. 거래액만 봐도 하루 680만 원 선으로 송정장을 제외하고는 다른 광산군 내 5일장보다 월등히 많았다. 과거 비아장이 한창 번창할 때는 시장 평균 이용자 수가 약 800명에 이를 정도로 북적거렸다고 한다.

최근 비아장은 광주로 상권을 빼앗기면서 예전에 비해 규모가 많이 축소되었다. 비아장의 이용자는 지난 1980년대에 하루 평균 700~800명에 이르렀다고 하나 지금은 그에 전혀 미치지 못한다. 그리고 1979년 소도시 가꾸기 사업을 하면서 도로를 넓혀 시장의 면적 또한 축소되었다.

게다가 주변 신도심을 중심으로 대형 마트가 입점하면서 이용객 수가 크게 줄어 한산한 편인데, 광산구가 현재 관리하는 점포 132개 가운데 상당수 점포가 장날에도 영업을 하지 않고 있다.

비아장에는 지금도 오래전 세워진 장옥의 흔적이 남아 있어 묵은 세월을 말해준다. 초창기 장옥은 초가가 대부분이었다가 양철지붕을 얹은 판잣집 형태로 변했다. 지금은 재래시장 현대화사업으로 장옥이 현대식으로 탈바꿈했다.

비아시장에 새로 등장한 꽈배기 가게(사진: 저자)　　비아시장에는 베트남인들이 야채 가게를 열고 동남
아인들에게 야채를 팔고 있다.(사진: 저자)

　　이처럼 비아장이 예전만큼 성하지 못하지만 그래도 5일장이 서는 날
이면 광주 시내뿐 아니라 인근 첨단이나 장성 남면 주민들까지 찾아와
옛 시골장의 정취를 느끼게 한다.

애환과 낭만이 서린 삶의 현장

비아에 가면

김영집(지역미래연구원장)

비아에 가면
날으는 까마귀마을
비아에 가면

달력에 1자와 6자 붙는 날
5일장 비아장 열려
곡식도 있고
해물도 있고
없는 것만 없고 다 있는

정겨운 비아장
할매들 아짐들 아재들
세상사 다 늘어놓는
아직 남아 있는 도시의 소통
비아장터라네

비아에 가면
광주의 북쪽 끝
첨단 하남 장성이 맞닿는
갈까마귀마을 비아에 가면

비아장터 골목에서
팥죽과 칼국수 한 그릇
인심 좋은 비아식당에서
홍어무침에 비아막걸리
소통과 문화 가득 담은
도란도란 카페에 들러
까망이마을 열세마을
사람 사는 이야기 들으며
차 한 잔 마시는 게 예의지

장터는 물건을 사고파는 유통의 광장으로서 경제적 의미뿐만 아니라 서민들의 애환과 낭만이 서린 삶의 현장이기도 했다. 소박한 인심이 오가는 풍경이었고 대화의 광장이었으며 만남과 사교의 무대이기도 했다. 참깨 몇 되, 달걀 몇 꾸러미, 곡식이나 채소자루를 들고 와서 생활필수품으로 바꿔가던 재래시장은 인파에 밀려 이곳저곳 기웃거리는 것만으로도 흥이 겨웠다. 신발가게, 옹기전, 포목전, 양품점, 잡화상, 피복가게, 건어물전, 생선가게, 곡물전 등을 한 바퀴 돌다보면 시장기가 들게 되고 그리하여 국수 한 그릇이나 막걸리 한 사발, 곰탕 한 그릇에 하루의 행복을 만끽할 수가 있었던 곳이다 전원범, 시인.

정기시장 공터의 타목적 이용횟수(1975)

용도/지역	경기	강원	충북	충남	전북	전남	경북	경남	제주	전국 평균
영화, 노천극장, 서커스 등	2.7	3.1	7.0	3.2	2.8	4.9	2.9	2.8	2.7	3.6
각종 강연회, 공공집회	2.9	3.6	5.0	4.3	3.3	3.7	4.1	3.3	–	3.9
기타	2.2	4.3	3.6	2.9	4.8	2.2	4.1	3.5	–	3.6
계	7.8	11.0	15.6	10.4	10.9	10.8	11.1	9.6	2.7	11.1

* 출처: 김성훈, 「1975년도 전국시장 센서스 조사결과」, 1977, 220쪽

그리고 명절이면 장터에 사람들이 모여 씨름판과 사당패 공연이 열리고 민속놀이를 즐겼다.

1970년대 정기시장의 거의 대부분을 차지하는 공지와 공터는 장날과 그 밖의 휴장기간 동안에는 다른 용도로 사용되기도 했다. 예컨대 각종 공공집회와 영화, 노천극장 및 서커스, 씨름대회 등 위락행사를 개최하는 장소로 쓰였다 김성훈, 「한국농촌시장의 제도와 기능연구」, 1977, 219쪽. "추석에는 비아장에 씨름판과 투전판이 벌어졌어요. 저희 부친이 장사여서 씨름 경기에서 이겨 송아지를 타오기도 하셨고, 그리고 나중에는 씨름판의 주심이 되어 경기를 진행하기도 하셨어요." 황연석 씨 증언

비아장에는 또 여느 5일장에서는 보기 힘든 대장간이 아직도 남아 있다. 닭전머리에서 시장 중앙통로 입구에 자리한 대장간은 비아철공소라는 간판을 달고 있다. 대장간을 운영하고 있는 대장장이는 박정순 씨이다. 박 씨는 16세 때부터 지금까지 비아장에서만 약 70여 년을 쟁기, 낫, 호미 등 농기구를 만들어 파는 일을 하고 있다.

장이 서지 않은 날 비아장 중앙통로 모습(사진: 저자)

비아시장 중앙통로 입구에 자리한 70년이 넘은 비아대장간 내부 모습. 삽과 쇠스랑 등 농기구가 가득하다.(사진: 저자)

비아대장간 주인 박정순 씨는 70년 넘게 대장장이로 일하고 있다.(사진: 저자)

　　4평 13.2m² 정도 되는 대장간 안에는 예전에 쓰던 화로와 쇠를 다듬는 모루, 쇠망치 등 연장이 그대로 보존되어 있어 호기심을 불러일으킨다. 바닥에는 박 씨가 만든 삽과 낫, 쇠스랑 등 농기구가 가지런히 놓여 있다.

대장간 일은 연중 일감이 끊이지 않지만 특히 봄철에 농기구를 찾는 사람이 많다고 한다. 최근에는 약초를 캐는 사람들이 늘어나면서 그에 맞는 도구를 주문 제작하고 있다.

비아장의 별미는 팥죽

예로부터 전통시장에는 이름난 음식이 한두 가지 있기 마련이다. 예를 들면 창평장에는 국밥이, 담양장에는 떡갈비와 국수가 유명하다.

"시장 안에는 술집이 많았고 도로 주변에도 국수, 국밥, 막걸리 집이 많았어요. 10여 곳이 성업했었지요." _{서인섭 씨 증언}

"장날 선지국수가 별미였죠. 지금은 선지국수집은 사라지고 대신 팥죽집이 인기를 누리고 있고요." _{박흥식 씨 증언}

선지는 돼지나 소의 피가 굳어 묵처럼 말랑말랑해진 상태를 말한다.

요즘 비아장의 소문난 음식은 팥죽이다. 처음부터 팥죽집이 유명했던 것은 아니다. 10여 년 전 현대식 장옥이 들어서기 전 할머니 한 분이 장옥 밖에 솥단지를 걸어놓고 팥죽을 끓여 팔았는데 이것이 시초가 되었다.

이후 시장에 팥죽집이 하나, 둘 생겨나면서 찾는 손님이 많아져 지금은 비아장을 대표하는 특별한 메뉴가 되었다.

비아장에서 또 하나의 특별한 장소는 닭전머리이다. 비아장 입구에서 첨단단지로 이어지는 길 양편에 닭전이 형성되어 있다. 100년이 넘는 역사를 가지고 있는데, 닭전머리 사잇길은 겨우 리어카 한 대가 지나갈 정도의 흙길이었다. 예전에는 노점이었으나 지금은 상가를 이루고 있다. '매일닭집'을 비롯해서 '모아', '대성', '제일', '남부' 등 10여 개의 닭집들이 밀집해 있다.

비아시장에 팥죽집이 하나, 둘 생겨나면서 찾는 손님이 많아져 지금은 비아장을 대표하는 별미음식이 되었다.(사진: 저자)

광주 양동시장 닭전머리 다음으로 크고 유명한 비아장 닭전머리는 평일에도 찾는 손님들이 많다.(사진: 저자)

닭전머리 가게에서는 손님이 주문한 닭이나 오리를 즉석에서 잡아서 손질해주고 생닭을 튀겨주기도 한다. 비아 닭전머리는 광주 양동시장 닭전머리 다음으로 크고 유명하다. 장날이나 복날이 되면 닭집마다 문전성시를 이루고 평일에도 찾는 손님들이 많다. 이에 따라 이곳은 장날과 관계없이 매일 문을 연다.

비아극장을 아시나요

농촌의 '밤문화'를 꽃피운 공간

1960년대 비아에는 면소재지 치고는 드물게 상설영화관이 존재했었다. 비아 중앙로 6 ^{비아동 65-16}, 현재 광영세차장 자리가 바로 그곳이다.

도시나 읍내가 아닌 면소재지에 불과한 비아에 어떻게 영화관이 들어설 수 있었을까. TV가 보급되기 전인 1950년대에서 1970년대 농촌에서 인기 있는 볼거리는 영화였다. 전기가 들어오지 않던 시절이라 해가 지고 나면 시골의 밤은 길고 무료했다.

나이 드신 어른들은 고된 농사일에 파김치가 되어 일찍 잠에 들지만 혈기 왕성한 젊은이들은 뭔가 청춘을 발산할 대상이 필요했다. 게다가 비아는 일찍이 비아장이 개설되어 있었고 국도 1호선이 지나는 교통의 중심이라 흥밋거리가 있으면 인근 지역 청춘 남녀들이 쉽게 몰려들었다.

무양중학교 학생들이 광주 현대극장에서 영화 관람을 위해 기다리는 모습. 비아극장도 학생들의 단체 관람이 많았다.(사진: 비아중 제공)

그래서 비아에는 장터를 비롯해서 공터가 생기면 국극단이나 서커스, 가설극장이 열려 사람들을 불러 모았다.

일제강점기부터 5일장에는 이런 유희遊戲가 보편적으로 동반되는 것을 알 수 있다.

1924년 9월 3일 자 〈매일신보〉 4면에는 이런 기사가 눈에 띈다.

"광주군 비아면에서는 면(面) 산업의 발전을 위하여 면의 공익상과 부락의 공동이익상과 개인부업의 연락을 도모할 목적으로 동(同) 면유지 제씨의 발기로 청년실업장려회를 조직하고 철저 노력 중이라는 바, 동지(同地)는 물산이 풍부하고 교통이 편리함으로 8월 10일부터 동군(同郡) 극락역전에 시장을 신설하고 동회(同會) 간부 제씨는 대대적으로 활동을 시(始) 하야 소기(所期) 이외의 성적을 실현하고 방금 제반 설비를 착착 진행 중인 바 장래 유망한 시장이 될 터이라 하며 시일(市日)은 매월 음 5, 10일부터 2개월간 매시일(每市日) 각희(脚戲), 활동사진, 협률(協律), 무도(舞蹈) 등 유희를 한다더라."(매일신보, "극란역전에 시장 신설", 1924.9.3., 4면 기사)

"광주군 비아면 청년실업장려회가 극락역전에 8월 10일 시장을 신설하는데, 2개월간 5, 10일 장이 열릴 때마다 씨름대회脚戲, 활동사진, 협률協律, 춤舞蹈을 공연한다."필자 요약

이로 미뤄볼 때 극락역전 시장보다 먼저 생긴 비아장에서도 1920년대 초부터 가설극장에서 무성영화활동사진가 상영되었을 것으로 짐작된다.

그렇다면 여기서 잠시 광주·전남에 언제쯤 극장이 도입되었는지 살펴보자.

한국사회에 처음 극장이 등장한 것은 1902년 대한제국 황실이 마련한 협률사協律社이지만, 영화 상영관으로서 체계를 갖춘 것은 1907년 조선 민간인이 세운 단성사團成社가 시초이다. 호남에 극장이 등장하던 시기는 일제에 의한 식민화와 근대화가 한창 진행 중인 때였다. 전남 목포시에 1904년 복산동현 영해동 부근에 생긴 '목포좌木浦座'가 등장하여 지역 극장의 효시가 되었고, 광주에는 1917년경에 황금동 런던약국 사거리요즘에는 메가시티박스 사거리 근처 파레스호텔 자리에 있던 '광주좌'가 생겨 영화 상영을 시작하였다. 한국 영화의 중흥기로 불리는 1950년대 후반에서 1960년대 호남의 극장 수는 제작 편수의 증가와 함께 빠른 속도로 늘어났다.

TV가 대중오락의 중심을 차지하기 이전인 1969년 당시 전남에는 광주를 포함하여 66개의 극장이 있었다.

지역	극장명	소재지	대표자	소유 구분	관람석 수 (명)	허가 연월일	관람석 구조	극장 구조
광산	송정 극장	송정 840	마진배	사유	268	1959. 5. 23.	개별식	2층
	동양 극장	송정819-27	반영환	임대	427	1963. 2. 15.	개별식	단층

* 출처: 위경혜, 『호남의 극장문화사』, 2007, 114쪽; 영화진흥위원회, 『영화연감』, 1980, 207쪽

그런데 앞의 표에서 보듯이 광산군 소재 영화관 현황에 비아극장은 빠져 있다. 이는 아마도 1970년대 들어서 비아극장이 영업을 중단하고 화재까지 발생해 흔적이 사라지면서 존재가 잊혔기 때문으로 보인다.

볼거리가 귀한 시절이라 극장은 구경꾼들로 가득 찼고 극장을 굿판으로 생각하는 경향은 도시를 벗어난 군과 읍 단위 지역으로 갈수록 강하게 나타났다. 1950년대 후반 광주시와 같은 지방 대도시에서의 극장 구경과 영화 관람은 일상의 경험으로 정착되기 시작했지만 호남 지역의 군읍 단위에서의 그것은 여전히 하나의 이벤트로 인식되고 있었다.

당시 극장에서의 영화 관람은 해당 지역공동체 구성원들에게 축제와 같았다. 필름의 보존 상태 정도나 영화 내러티브의 전개와 상관없이 영화라는 매체 자체가 주는 신기함, 일상에서는 경험할 수 없는 한정적인 공간에서의 대중의 목격, 그리고 영화를 보면서 느끼는 일체감이 관객들에게 굿 보러 극장에 가는 의미를 부여하였다 위경혜, 2007, 26~29쪽.

비아 역시 광주 시내보다는 다소 늦게 영화가 수용되었겠지만 대체로 같은 흐름을 이어갔을 것으로 보인다. 호남에서 변사가 연행하는 영화 상영은 1950년대를 지나 1960년대 초반까지 지속되었다 위경혜, 2008, 36쪽.

영상과 음성이 동시에 나오는 유성영화는 1960년대 들어서야 등장하였다.

주민들의 증언에 따르면 1960년대 초까지 가설극장이 비아장터, 농협창고, 이천 서씨 문중 산등성이 등 서너 곳에 터를 잡고 옮겨 다니며 성황리에 운영되었다고 한다. 당시 천막극장은 변사가 활동사진을 보면서 해설하는 무성영화였다. 변사는 스크린 옆에 놓인 테이블에 앉아 촛불 아래서 대본을 읽어나간다. 감정이입을 하고 가락을 넣어가며 읽어가다가 목이 막히면 테이블 위에 놓인 소금을 찍어 먹어가며 연행을 하였다 위경혜, 2008, 39쪽.

비아 일대 주민들은 영화를 보기 위해 읍내로 몰려왔다. 신가리, 하남, 장성 남면에서도 먼 거리를 마다않고 영화를 보러왔다. 그래서 천막 극장은 매번 만원 사례였다.

서인섭 씨^{1946년생}는 어린 시절 농협 창고에 포장을 치고 상영하던 영화를 관람한 것을 기억한다. 돈이 없는 아이들은 천막 밑으로 몰래 숨어들어 도둑영화를 보는 경우가 많았는데, 직원에게 잡혀서 두들겨 맞거나 벌을 서기도 했다.

"비아장 빈터에 가설극장이 있었어. 비아장날 밤에 포장을 쳐놓고 영사기를 돌렸지. 어린애들은 몰래 개구멍으로 들어가다가 들켜서 귀싸대기를 맞곤 했어. 처음에는 천막극장이었는데, 돈 벌어서 건물을 지었어. 그러다가 잘 안 돼서 없어졌지."^{하아산마을 정문무 씨}

천막극장은 장터 부근 공터를 전전하다가 관객이 많아지자 현재의 광영세차장 자리에 정식 상영관을 지어 개관했다. 이곳은 이천 서씨 문중 땅인데 송정리에 사는 오 모 씨가 임대해 극장을 건립한 것으로 전해진다.

극장주인은 외지인이었지만 극장 관리자는 비아 사람이었다. 송정시내 극장이 성업 중인 것을 본 오 씨는 농촌주민들의 영화 욕구를 파악하고 비아에 극장을 개설해 영화 상영을 시작했다. 송정 시내 극장에서 돌리는 영화필름을 가져와 이곳에서 상영하면 손쉽게 돈을 벌 수 있다고 판단한 것이었다.

영화 관객은 대체로 젊은 청춘 남녀들이 많았다. 영화에 대한 호기심도 있지만 이성을 만나고자 하는 기대심리로 영화관을 찾는 이들이 많았다. 그래서 영화관은 청춘 남녀의 만남의 장이자 데이트 장소가 되어 밤에 피는 야화처럼 흥분으로 넘쳐났다. 응암마을 진등에 종방 소유 잠실에서 일을 마친 아가씨들이 단체로 영화 관람을 하면, 동네 총각들이 이들과 만나기 위해 몰려들었다.

극장 내부는 마치 창고처럼 허술했다. 의자도 요즘처럼 개인좌석이 아니라 긴 나무벤치였다. 실내 환기가 잘 되지 않아 담배를 피우면 극장 안에 연기가 자욱했다. 극장 안은 어두컴컴하고 의자 또한 기다란 나무 벤치여서 스킨십하기가 용이했다. 남성이 의도적으로 옆구리를 슬쩍 건드리면 여성이 옷핀으로 이 남성을 찌르며 경계하기도 했다는 이야기도 전해진다.

1950년대 광주시에서 영업을 하던 8개 극장들은 35mm 영상기를 갖추고 있어 발성영화의 상영이 안정적으로 이루어지던 상황이었지만 전기가 들어오지 않은 터라 발동기로 35mm 영상기 2대를 돌려 상영했다. 영화 1편 보는 동안 4~5번씩 필름이 끊겨 관람객들이 큰 소리로 항의하는가 하면 환불을 요구하는 사례가 다반사였다. 하나의 필름을 여러 번 돌리니까 필름 표면이 닳아서 비가 내리듯 줄이 생기고 끊어지기 일쑤였다. 필름이 끊어지면 접착제로 붙여서 상영했다.

당시 상영한 영화는 〈지옥문〉, 〈동백아가씨〉, 〈외나무다리〉, 〈대지여 말해다오〉, 〈5인의 해병〉, 〈맨발의 청춘〉 등이었다 1946년생 김명갑 씨 증언.

〈지옥문〉은 1962년 해성영화사에서 공개한 국산영화이다. 이민자, 이예춘, 이향, 김지미, 김석훈, 박노식, 김운하, 이빈화 등이 출연했다.

〈동백아가씨〉는 1964년 제작된 엄앵란과 신성일 주연의 영화이다. 또한 영화 주제곡으로 만들어진 노래 '동백아가씨'는 가수 이미자의 대표곡이자 그녀를 한국대중가요의 대명사로 이끈 출발점이었다.

〈외나무다리〉는 1962년 한성영화사가 제작한 영화로 일종의 계몽영화에 속한다. 곽상문 각본, 강대진 감독이 참여한 이 영화의 배경엔 두메산골이 자주 나온다. 산골에서 자란 주인공이 고학으로 의과대학을 졸업, 그의 스승이자 애인의 아버지 도움으로 고향에서 진료를 한다는 내용이다.

영화 '외나무다리' 주제가 가사

반야월 작사 / 이인권 작곡

1. 복사꽃 능금꽃이 피는 내 고향
   만나면 즐거웁던 외나무다리
   그리운 내 사랑아 지금은 어데
   새파란 가슴 속에 간직한 꿈을
   못 잊을 세월 속에 날려 보내리

2. 어여쁜 눈썹달이 뜨는 내 고향
   둘이서 속삭이던 외나무다리
   헤어진 그날 밤아 추억은 어데
   싸늘한 별빛 속에 숨은 그님을
   괴로운 세월 속에 어이 잊으리

〈대지여 말해다오〉는 1962년 제작된 영화이다. 감독 김수용, 엄앵란, 황해, 김석훈이 출연했다.

영화 줄거리는 일제 말기 학병으로 소집된 임규삼이 일본 관동군에 복무하는 내용으로 군국주의 일본군의 위계질서는 가혹할 만큼 철저했으며 고참병들의 혹독하고 비인도적인 억압이 거센 속에서 주인공이 굴하지 않고 정당한 일에는 끝까지 항거한다는 내용이다.

〈5인의 해병〉은 1961년 제작된 영화이다. 감독 김기덕, 최무룡, 신영균, 황해, 곽규석, 박노식이 출연했다.

영화의 줄거리는 북한 진영을 정찰 중이던 우리의 해병이 남한에 총공세를 펴기 위해 탄약고를 증설하는 광경을 목격하고, 5인의 해병이 잠입해 탄약고를 폭파시키고 이 중 4명이 장렬히 전사한다는 내용이다.

〈맨발의 청춘〉은 1964년 개봉한 영화로 당대 최고의 흥행작이자 신성일의 출세작이다. 감독 김기덕, 신성일, 엄앵란, 이예춘, 윤일봉, 이민자가 출연했다. 1960년대 청춘들의 욕망을 투사한 문화적 풍속도를 그렸다는 평가를 받았다.

〈홍도야 우지마라〉는 1965년 개봉된 영화이다. 감독 전택이, 신영균, 김지미, 이수련이 출연했다. 줄거리는 오빠의 학비를 마련하기 위해 기생이 된 홍도가 오빠 친구인 영호와 부모의 반대를 무릅쓰고 결혼하지만 시댁의 학대와 계략으로 쫓겨나고 영호가 다른 여자와 약혼하는 현장에서 약혼자를 칼로 찌르게 되고 경찰이 된 오빠가 홍도 손에 쇠고랑을 채운다는 내용이다.

1960년대 후반 비아극장은 관객이 크게 줄기 시작했다. TV가 등장하고 비아와 가까운 광주 임동에 문화극장이 생기는 등 신설 영화관이 늘어나면서 시설이 열악한 비아극장은 경쟁력을 잃어갔다.

동원촌 출신 손일현 씨 1948년생 는 "20대 때 친구들과 함께 비아극장을 이틀간 빌려 〈소령 강재구〉 영화를 상영했으나 관객이 적어 손실을 보았다."라고 말했다.

비아극장은 1968년 경영난으로 상영을 중단하고 폐업 후 한동안 가마니 창고로 사용되었다. "극장 건너편 비아마대 주인 정 씨 작고 가 가마니 도매업을 했는데 무안에서 구입해온 가마니와 새끼줄을 이곳에 보관해두었다. 그러다가 어느 날 담뱃불로 추정되는 불씨로 인해 화재가 발생해 천장이 무너져 내리고 벽체가 시커멓게 그을린 채 흉한 모습으로 남아 있었다 서인섭 씨 증언 .

경영난으로 비아극장이 문을 닫은 후에는 또 다시 가설극장이 명맥을 이어갔다. 보리가 필 때쯤 농한기에는 비아장 근처 공터에 가설극장이 차려지고 영화나 공연이 종종 상영되었다.

조영문 광산저널 대표는 "어린 시절 시멘트블록 공장을 하던 자신의 집 비아동 산 52번지 마당에 일 년에 몇 차례 천막극장이 막을 올렸다."라며 "당시 상영된 영화로는 〈돌아온 외팔이〉가 기억난다."라고 회상했다.

주민들의 증언을 종합해볼 때 비아극장은 1961년부터 1968년까지 운영된 것으로 추정된다.

비아극장은 호남의 대부분의 극장이 공회당에서 출발한 것과 달리 비아시장이라는 유통 및 소비 공간으로부터 파생되었다는 특징이 있다.

호남의 군읍단위 극장의 대부분이 공회당 또는 문화관에서 출발하였다. 대표적으로 전남 구례군, 곡성군, 장흥군, 영암군, 광양군^{현 광양시} 등의 극장들이 공회당을 영화 상영관의 모태로 두고 있다. 호남의 군읍단위 극장 가운데 출발을 공회당에 두고 있는 극장은 영화 상영과 볼거리가 전시된 오락공간이자 동시에 공적인 업무를 담당하며 교육과 계몽이 이루어지는 곳이었다. 따라서 공회당에서의 영화 관람은 근대적인 공민이 받아들여야 할 문화생활의 하나로 인식되었다. 호남의 군읍단위에서 공감의 공간이었던 극장은 다른 한편으로는 공적인 규율과 질서를 익히는 공간을 의미하였다.

그러나 비아극장은 반공영화, 계몽영화 상영 등을 통해 공적인 규율과 질서를 익히는 사회적 학습교실의 의미와 함께 공감과 감성 추구의 공간이었다. 또한 비아극장은 주로 관객이 여성이라는 점도 특징적이다.

광주 주변 농촌 지역에 위치한 비아극장은 도시와는 다른 오락과 감성의 분출공간으로서 한 시대 풍속을 남기고 사라진 셈이다.

서인섭 씨(1946년생, 인성철물 주인)

서인섭 씨 부친은 비아시장 인근에서 대장간을 운영하였다. 그리고 비아시장 안에서 장사를 하였다. 서 씨는 비아장 가게에서 태어나 32세에 결혼해 부친이 하던 가업을 물려받아 지금까지 철물점을 운영하고 있다. 첨단단지가 개발되기 전에는 제법 장사가 괜찮은 편이었으나 첨단단지 개발로 농지가 사라지고 주민들이 이주하는 바람에 현재는 찾아오는 손님이 하루에 겨우 3~4명에 불과해 그저 명맥만 유지할 정도이다.

건강이 안 좋아 앞으로 2년 정도만 하다가 정리할 계획이라고 말했다.

서 씨는 비아초등학교를 1961년 ^{35회} 에 졸업하고 무양중학교를 졸업했다. 이어 17세 무렵 ^{1967년 추정} 비아극장에서 2년 정도 잡일을 하였다. 주로 하는 일은 자전거를 타고 마을 곳곳을 다니며 영화 포스터 붙이는 일과 자전거 혹은 경운기에 확성기를 싣고 마을을 돌며 영화를 홍보하는 일이었다.

수완, 월계, 응암, 미산, 오룡 등 마을을 돌아다니며 동네 적당한 곳을 골라 포스터를 붙였다. 이 일은 보통 2인 1조가 되어 진행했다고 한다. 한 명은 포스터를 붙이고, 한 명은 자전거에 확성기와 배터리를 싣고 다니며 "문화와 예술을 사랑하는 내 고장 영화 팬 여러분 안녕하십니까 …." 하며 영화 홍보를 하였다고 한다.

신점리에서는 방죽 위 언덕에 올라가 마을을 향해 확성기로 웅변하듯 홍보활동을 하였다.

이때 동네 아이들은 마을 이장에게 나눠주는 초대권을 한 장이라도 얻기 위한 욕심에 홍보 차량을 따라 다니는 진풍경이 연출되기도 했다고 하는데, 당시 마을 이장에게는 감사의 답례로 영화 초대권을 몇 장씩 주는 관행이 있었다.

또 극장 주변에는 호시탐탐 공짜영화^{도둑 영화}를 보려는 아이들이 진을 치기 일쑤였다. 극장 뒤편은 재래식 화장실이 있었는데 이쪽은 분뇨를 뿌려놓은 데다 경비가 허술해 동네 아이들의 주된 비밀통로가 되었다. 하지만 극장에 들어가기 위해서는 구린내 나는 화장실 밑을 통과해야 하는 고역이 뒤따랐다. 한번은 동네 아이들이 이곳으로 몰래 스며들어 막 변소 뚜껑을 열고 나오는데, 때마침 이곳을 지키고 있던 극장 직원에게 붙잡혀서 혼난 적이 있었다고 회고했다.

서 씨는 나중에는 영사기를 돌리기도 하였다. 필름은 송정리와 장성 영화관에서 자가용을 이용해 가져와서 상영하였다.

포스터 내용은 총천연색 시네마 스코프라는 점을 강조하였다. 서 씨가 기억하는 영화로는 〈홍도야 우지마라〉를 꼽을 수 있는데, 관람료는 정확히 기억나지 않으나 150~200원 정도 했던 것 같다고 했다.

주민들은 논밭에서 농사일을 하는 중에 영화관 직원이 자전거에 확성기로 구성지게 영화 홍보를 하면 가슴이 설레었다. 관람객은 대부분 젊은 아가씨들이 많았다. 비아초등학교와 무양중학교^{현 비아중} 학생들 그리고 비아 인근 11기갑 부대 군인들도 단체로 관람하였다. 단체관람 영화는 반공영화가 대부분이었다.

또한 설, 추석 명절이면 극장에서 콩쿠르가 열렸다. 입상자들은 솥, 주전자, 냄비 같은 생활용품을 상품으로 받았다. 서인섭 씨는 "형이 비아 극장에서 열린 콩쿠르에 나가 냄비를 타온 적이 있다."라고 회상했다.

설, 추석 명절이면 극장에서 콩쿠르가 열렸다. 입상자들은 솥, 주전자, 냄비 같은 생활용품을 상품으로 받았다.(사진: 박익성 씨 제공)

광주첨단단지 조성 과정

광주첨단단지 조성 과정

첨단단지 건설과 이주민 대응

비아에 불어온 변화의 바람

전형적인 농촌의 모습을 지켜오던 비아는 1980년대 후반 변화의 바람이 불기 시작한다. 그 변화의 단초는 우리나라 산업구조의 고도화 및 정치·사회적 정세 변화로부터 비롯되었다.

지역 내부에서는 광주의 직할시 승격에 따른 생산도시화 논의가 서서히 일어났다. 광주시는 전남도 산하 보통시로 존재해오다가 1986년 11월 1일 광산군을 새로 편입해 직할시로 승격, 전남도와 대등한 위상을 갖게 되었다.

하나의 경제단위로서 독립된 광주시는 도시의 광역화에 따라 지역발전의 장기적인 청사진이 필요했다. 직할시로 승격된 이듬해인 1987년 7월 25일 '2000년대 광주발전 전략 모색을 위한 세미나'를 개최하였는데 이때부터 광주기술도시 첨단단지 건설 구상이 논의되기 시작했다.

여기에서 논의된 내용은 광주 발전 목표를 '국토균형발전의 거점구축', '서남권의 중추적 지위의 확립', '쇄신적 창조기능의 강화'로 설정하였다. 그리고 추진 전략의 하나로 행정구역의 확장과 함께 '연구단지 개발에 의한 과학산업의 육성' 김안제. 1987, '광주 기술도시' 박광순. 1987 구상을 지역 개발 학자들이 제시하였다.

광주시는 장기종합발전 계획을 국가 수준의 계획에 반영시키는 방향으로 노력할 방침을 세웠다. 그러나 이러한 광주기술도시 구상은 지역사회 자체 능력만으로는 한계를 지닐 수밖에 없었다. 그래서 무성한 논의만 거듭하다 더 이상 구체화하거나 실행에 옮기지 못하고 말았다. 결국 여러 가지 여건으로 보아 본격적인 테크노폴리스 과학기술도시 의 건설은 시기상조로 판단하여 민간연구소를 유치하는 방향으로 선회하였다.

이 무렵 정부에서는 21세기에 대비한 첨단산업기술 육성에 발 벗고 나섰다. 선진국들이 기술 이전을 기피하고 신흥개발도상국들이 한국의 수출시장을 압박해오는 상황이었기 때문이다. 또한 1970년대 조성한 대덕연구단지가 완성단계에 이르러 제2 대덕연구단지 조성이 필요했다. 과학기술처는 1987년 12월부터 제2 대덕연구단지 조성을 구체적으로 검토하기 시작하였다. 그리고 대한국토계획학회에 의뢰해 전 국토의 균형개발 차원에서 연구단지망 研究團地網 조성에 관한 조사연구를 진행하고 있었다.

이와 더불어 전국 각 지방정부 사이에서는 제2 연구단지 유치 경쟁이 불붙기 시작했다. 이때 광주시에서도 이 같은 사실을 알고 후보지 유치에 나섰다. 이는 기존의 공업화 지역에서 보였던 심각한 공해문제 등 각종 시행착오를 겪지 않는 일종의 후발효과를 충분히 누리면서 지금까지의 불균등 발전구조에서 벗어날 수 있는 절호의 기회로 생각하였기 때문이었다. 광주시는 전남대지역개발연구소의 협조하에 유치 계획을 구체화하기 시작했다. 당시 광주시장은 김양배이고, 김홍래 기획실장, 최종만 지역경제과장이었다. 1988년 1월 유치활동 추진위원회를 조직하고 과학기술처 등 국가기관에 광주첨단과학산업단지 건설 건의서를 제출하였다.

광주첨단과학산업단지 건설 계획

　정치적으로는 1987년 6월 민주항쟁으로 독재체제가 무너지고 6·29
선언이 발표되었다.

　6·29 선언에는 대통령 직선제뿐 아니라 지방자치제 실시 계획도 포
함되었다. 그리고 이러한 시대변화의 흐름 속에서 사회 전반에 민주화
의 바람이 일어났다.

　1987년 12월에 실시된 제13대 대통령 선거에서는 민주화운동을 이끌
었던 양 김 김대중, 김영삼 후보와 집권세력의 신군부 출신 노태우 후보가 치
열한 격전양상을 이루었다. 후보들마다 지역 개발 공약이 중요한 선거
전략의 하나가 되었다. 이 가운데 특히 5·18의 아픈 상흔을 안고 있는
호남에 대해서는 대선 후보들 모두가 지역 균형 개발 차원에서 특별한
개발 정책이 필요하다는 인식을 갖고 있었다. 특히 신군부 출신 노태우
후보에게 가장 취약점은 '1980년 5월 광주문제'였다. 이에 따라 노태우
후보는 1980년 5월 광주의 아픔을 해소하기 위한 방안으로 지역 균형
발전 차원에서 호남 지역 개발 청사진을 담은 '서남해안시대'를 공약으
로 내걸었다.

　선거에서 당선된 노태우 대통령은 5·18의 부채의식과 호남의 민심
을 얻기 위해 서남해안 공약 이행에 각별한 관심을 기울였다. 이러한
대통령의 의중을 읽은 정부부처들은 그에 부합하는 호남 지역 정책 개
발에 분주하게 움직였다.

　부처 가운데 과학기술처가 발 빠르게 광주첨단단지 건설 구상을 착
안했다. 때마침 대덕연구단지가 완성단계에 이르러 제2 연구단지 건설
필요성이 제기된 상황이었다. 과기처는 이를 구체화하기 위해 전남대
지역개발연구소장을 맡고 있던 송인성 교수에게 전화를 걸어 광주첨단

단지 건설 구상 연구용역을 부탁했다. 당시 과기처 담당 국장은 전북 출신이었다.

지역 개발 정책에 목말라 있던 송 교수는 과기처로부터 이 같은 전화를 받고 뛸 듯이 기뻤다. 송 교수는 즉시 과학연구단지 건설로 주목받고 있던 일본, 홍콩, 대만 등 선진지 견학에 나섰다.

송 교수는 대덕단지를 실패로 판단했다. 그래서 이를 반면교사로 삼아 대덕단지와는 다른 연구단지 모델을 생각했다. 그중 하나는 고급인력 유치를 위한 국제대학 분교 유치였다. 그리고 파일럿 프로젝트에서 나온 연구 성과를 하남공단에서 생산하는 방식으로 청사진을 그렸다.

송 교수는 연구조사 보고서 초안을 가지고 과기처와 청와대를 방문해 설명하고 적극적인 추진을 건의했다. 이후 노 대통령은 '광주사태'를 '광주민주화운동'으로 바꾸고 지역 불균형 발전의 구조를 해소한다는 취지로 광주첨단과학산업단지 건설 계획을 정치적인 맥락에서 수용했다. 그리고 1988년 4월 15일 광주시청 순시 때 당시 최인기 시장으로부터 시정보고를 받는 자리에서 전격적으로 광주첨단과학산업단지 건설 계획을 발표했다.

당시 조사차 홍콩에 머무르고 있던 송 교수는 "이 소식을 접하고 감격의 눈물을 흘렸다."라고 회고했다.

광주첨단단지 사업 확정 과정

1988년 4월 15일 광주를 방문한 노태우 대통령은 국토의 균형 발전과 서해안시대를 대비한 첨단산업 육성 차원에서 광주에 1천만 평 3,300만㎡ 규모의 테크노폴리스를 건설하겠다고 발표했다.

첨단단지 입지로는 두 곳이 검토되었다. 제1안은 황룡강 주변과 임곡지구 일대였다. 그런데 이 지역은 그린벨트로 개발제한구역이었다. 제2안으로 고려되었던 곳이 북구 본촌·삼소동과 광산구 비아동 일대였다. 광주시와 지역학자들은 대체로 제1안을 선호했다. 그 이유는 제1안은 공항과 가깝고 그린벨트라 1천만 평 _{3,300만㎡} 규모 부지 확보는 물론 상대적으로 땅값이 저렴했기 때문이다. 건설교통부도 호의적인 반응이었고 이곳을 둘러본 외국 학자들도 한결같이 긍정적인 반응이었다. 그래서 '황룡리버밸리 Whangryong River Valley'라는 명칭까지 붙이며 최적지로 평가했다.

제2안은 말 그대로 제1안의 대안으로서 보조적인 입지로 생각했다. 광주시는 최적지로 평가된 제1안을 관철시키고자 개발제한구역 문제를 풀기 위해 특별법을 제정하려고 했다. 그러나 건교부가 '그린벨트를 개발한 사례가 없다'는 이유를 들어 강력 반대했다.

그러는 사이 1988년 4월 제13대 총선에서 광주에서 당시 여당인 민정당 후보가 모두 떨어지는 상황이 발생했다. 점차 정부의 의지가 약화되고

첨단과학산업단지 완공 후 단지 항공사진(사진: LH 광주전남본부 제공)

지역주의 장벽에 가로막혀 축소되기 시작했다. 그리고 정부는 광주첨단단지 개발계획을 전국 여러 개의 테크노벨트의 하나로 희석시켜버렸다.

결국 광주첨단단지 조성 계획은 당초보다 상당히 후퇴하고 말았다.

송 교수는 "만일 광주첨단단지가 당초 계획대로 추진됐다면 미래지향적인 국가산업구조 개편에 핵심역할을 했을 것"이라며 "더욱 빨리 더욱 알차게 성과를 냈을 텐데 희석되는 바람에 결정적인 기회를 놓친 것"이라고 아쉬워했다. 일본 간사이 첨단단지 사례처럼 몸에 맞는 옷을 입어야 하는데 그렇지 못했다고 지적하기도 했다.

광주첨단단지는 2년 남짓 시간이 흐른 뒤 1990년 7월 21일 위치와 규모 그리고 개발의 성격이 결정되었다. 광주 광산구 비아동과 북구 본촌, 삼소동 일대 579만 평 1,910㎡ 으로 개발구역이 지정되었다. 건교부는 개발을 2단계로 나누어 우선 236만 평 779㎡ 을 1단계로 개발하기로 하고 1990년 11월에 개발 기본계획을 확정하였다. 그리고 정부 주도 사업에서 한국토지개발공사 현 LH 로 사업주체가 변경되었다.

우여곡절 끝에 1992년 4월 20일 광주첨단단지 1단계 사업이 착공되었다.

광주첨단단지로 예정되어 토지가 수용된 지역은 당시 광주시 외곽 지역으로, 행정구역상으로 보면 광산구 5개 동, 북구 3개 동이었다. 광산구 5개 동은 광주시가 광역시로 승격되기 전인 1988년 1월까지 광산군 비아면 飛鴉面 에 속했다.

이들 지역은 행정구역상 도시이지만 아직 농촌마을의 형태를 그대로 유지하고 있었다. 여기에는 모두 21개 자연마을이 포함되어 있었다. 인구는 6,253명, 가구 수는 1,398가구로 비아지구가 692가구, 북구 삼소동 지구가 706가구였다. 실질적으로 이들 마을은 대도시 인근 지역의 농촌으로 여타의 농촌마을에 비해 도시 자본의 토지지배율이 훨씬 높고 마을 행정에서 공동체적 질서가 해체되고 있는 상태였다.

비아 지역과 삼소동 지역은 부재지주 토지지배율에서 큰 차이가 있었다. 비아 지역 부재지주의 토지지배율은 약 47%인 데 비하여 삼소동 지역은 77%에 달했다.

지스트 설립 구상의 배경

지스트 캠퍼스 건설 당시 모습

첨단단지에 지스트GIST가 개원하게 된 배경은 연구기능을 중심으로 첨단산업을 발전시켜가는 새로운 개념이 내재되었기 때문이기도 하지만 또 한편으로는 과기처의 의지가 크게 반영되었다.

과기처는 산하에 대학을 두고 싶어 했다. 또한 첨단단지에 전남대 공대를 이전하고 국책연구소 20여 개를 집적화시킬 계획이었다.

1988년 4월 15일 노태우 대통령의 광주첨단과학산업연구단지 사업 발표로 본격적인 후속작업이 시작되었다. 그 작업을 주도한 주체는 과기처이고 전남대지역개발연구소가 밑그림을 그렸다.

이어 그 해 7월 1일 광주시, 전남대지역개발연구소, 광주일보 공동 주최로 광주상공회의소에서 '광주첨단과학산업연구단지 개발구상'이란 주제로 심포지엄이 열렸다.

이날 행사에는 이관 과학기술처장관, 윤영근 기술정책 실장 그리고 최인기 광주시장과 신태호 광주상의회장이 참석한 가운데 전남대지역개발연구소가 연구한 첨단과학산업 단지의 기본 구상이 발표되었다.

이날 발표된 내용은 조재육 전남대 교수의 '광주첨단과학산업연구단지 건설의 기본방향', 윤영근 과학기술처 기술정책 실장의 '우리나라 첨단과학산업단지 조성방향'의 기조발제에 이어 분과별로 발표와 토론이 진행되었다. 제1분과에서는 단지구성요소 박형호 전남대 교수. 제2분과에서는 단지구성방안 및 운영제도 김영기 전남대 교수. 제3분과에서는 단지의 적정입지 송인성 전남대지역개발연구소장 그리고 종합토론 사회자 김안제 서울대환경대학원장이 이어졌다.

기조발표의 요지는 광주첨단산업단지가 다가오는 21세기 한국의 선진 기술입국을 위한 국가적 차원의 프로젝트이자 낙후된 서남권의 지역 균형 개발 사업이란 점이 강조되었다. 그리고 특히 사업이 정부가 약속한 대로 규모와 시기에 차질 없이 이행되어야 한다고 촉구했다.

이날 심포지엄에서는 단지구성 요소와 적정 입지에 대한 구체적인 윤곽이 제시돼 주목을 받았다.

단지구성 요소를 발표한 박형호 교수는 첨단산업시설 유치와 관련 지역 부존자원의 활용 가능성, 기존 연관 산업과의 연계성, 성장성, 기술의 파급 효과 그리고 전략적으로 추진해야 할 사업 등을 고려해 적합한 분야를 제안했다. 구체적으로 신소재, 마이크로일렉트로닉스, 정보통신 등 3개 산업을 전략적 유치산업으로, 생명공학, 정밀화학, 메카트로닉스, 우주항공산업 등 4개 산업을 비교우위에 입각한 유치산업으로 선정했다.

또한 박 교수는 첨단연구단지의 핵심시설로 고급두뇌를 양성할 교육기관의 필요성을 강조하며 가칭 '광주첨단과학대학'의 설립과 전남대 일부 연구소 및 공대의 이전은 물론 캠퍼스의 이전까지 역설하는 한편 외국 공과대학 분교 유치를 주장했다.

이러한 구상이 결실을 맺어 오늘날 첨단단지에 지스트가 들어서게 되었다.

첨단단지 건설에 대응하는 지역별 주민조직 결성

1988년 4월 15일 첨단단지 건설계획이 발표되자 해당 지역에서는 각 마을별로 대책위원회 이하 대책위 가 결성되기 시작했다. 대책위는 나중에 '첨단투위 광주첨단단지 편입주민 생존권 보장 투쟁위원회'로 개칭했다. 비아에서 초기 형태의 주민조직은 1988년 여름에 결성되었는데 각 마을 대표 5~7명 들로 구성되었으나 주로 장년층이어서 활동이 미미하였다. 본격적인 활동은 1989년 말 무렵, 30~40대의 비교적 젊은 층으로 조직을 개편하면서 이루어졌다. 마을별 총회를 열어 7명씩의 대표를 선출하고 이들로 하여금 대책위원회를 구성하고 여기에서 다시 임원진을 선출하는 상향식 조직 절차를 밟았다.

위원장, 부위원장, 총무, 재무, 서기 등을 각 1명씩 두었고 각 마을별로 고문 1명씩을 위촉하였다. 비아 지구는 7개 마을에서 각 7명씩의 대

첨단단지 건설을 위해 응암마을 과수원이 철거된 모습. 공사 현장 사무소가 보인다.(사진: 저자)

표와 1명의 고문으로 이루어진 56명으로 구성되었다. 마을별 주요 구성원은 30대 후반에서 40대 초반의 영농후계자들이 많았다.

비아 대책위는 광주일고 _{서중} 출신 광산구 새마을협의회장이던 최상섭 씨를 초대 추진위원장으로 추대했다. 최 씨는 유창한 언변으로 대중연설에 능해 선거 유세 때마다 연설원으로 등장해 주목을 받았다. 하지만 최 씨는 초반 활동하다가 건강상 문제로 그만두고 부위원장인 최상신 씨가 이어받아 주도하였다. 현 비아농협조합장인 박홍식 씨는 이 당시 쌍암리 이장으로서 마을을 위해 활동했다. 현재 애향회 총무를 맡고 있는 미산 출신 김희창 씨는 대책위원으로 활동에 참여했다.

대책위의 주된 활동 목표는 적정 수준의 보상금과 이주자 택지 및 상가 분양권을 달라는 것이었다. 구체적으로는 조성원가 수준의 보상금, 양도세 면제, 상가부지 1인당 6~8평 _{19.8~26.4㎡} 을 요구했다.

비아 대책위는 삼소동 대책위와는 별개로 활동하면서 보상금 협상 등 특별한 사안이 있을 때만 한국토지개발공사 사무실 앞 시위 등 공동 보조를 취했다 _{김희창 씨 증언}.

삼소동 주민조직은 1989년 10월부터 필요성이 논의되기 시작하였으나 사업이 확정된 1990년 봄에야 구성되었다. 그리고 각 마을별로 대책위원회를 구성한 뒤 마을 책임자를 선출하여 북구생존권투쟁위원회를 결성하였다. 위원장 1인과 부위원장 3인, 총무 1인이 있고 산하에 마을별 총무 _{3인}가 있는 체계였다. 부위원장은 각 마을의 위원장을 겸했다.

그러나 삼소동 주민 조직의 리더십은 한 차례 변화 과정을 겪었다. 최초 위원장이 총무와 함께 사퇴하고 보다 젊은 층의 인물이 위원장에 취임하였다. 이러한 주민조직의 기초는 마을 단위이며 기존의 마을 행정조직이 아니라 새롭게 형성되었다는 특징이 있다. 두 지역에서 주민 조직이 결성된 후 1991년 3월 주민들의 대표성을 강화하기 위하여 광주첨단단지 편입주민 생존권 보장 투쟁위원회 _{약칭 첨단투위}를 결성하였다.

이 두 조직은 4월 공동 집회를 개최하면서 하나의 연대적 조직으로 발전하였다.

주민들은 목표 달성을 위해 내부적 자원을 동원하는 데 주민의 단결이 가장 중요한 요소라는 점을 인식했다. 이를 위해서 내부적 규율을 만들어내고 이를 효과적으로 실천하기 위해 자원의 출입을 조직을 통하도록 유도하며 이를 고양하기 위한 행사를 개최했다. 그리고 비아의 경우 주민들의 통제를 위해 각서를 받았다.

단합대회와 시위·농성은 어느 집합적 주민 운동에서든지 공통적으로 발견되는 현상이었다.

대체로 만족한 보상 협상의 결과

첨단단지 예정부지에 포함된 산비탈 포도밭(사진: LH 광주전남본부 제공)

첨단단지가 들어서기 전 배추밭과 양계장 모습(사진: LH 광주전남본부 제공)

　　보상 가격을 둘러싼 주민들의 시위와 농성, 성명 발표 등 힘겨운 줄다리기 끝에 보상액이 결정되었다. 비아 대책위의 경우 보상에 관한 최대 목표는 한 평$_{3.3㎡}$ 당 자연녹지 40만 원, 생산녹지 25만 원이었다. 보상은 평균 23만 원 정도로 이루어졌다. 많은 우여곡절과 불만 표출이 있었지만 주민들은 이러한 보상 수준에 대체로 만족한 것으로 보인다. 토지 보상의 경우 1987년 한 평당$_{3.3㎡}$ 가격이 7천 원~1만 원이었는데 보상은 생산녹지 15만 원 선, 자연녹지 27만 원 선이었다. 삼소동 대책위에서도 택지 보상은 예상보다 적었지만 농지의 경우 목표액의 80~90% 정도가 달성되었다고 평가하였다. 이러한 평가는 1992년 이후 토지가격이 하락함으로써 가능했던 것으로 보인다.정근식, 「광주첨단과학산업단지의 건설과 이에 따른 주민의 대응—지역동원의 권력구조적 맥락」 1994 참조.

토지보상액수별 주민 수(정근식, 1994, 120쪽)

보상액	광산구 비아지구		북구 삼소동 지구	
	현지주민	외지인	현지주민	외지인
5억 원 이상	43	35	4	14
1~5억 원 미만	198	344	100	434
1천만~1억 원 미만	350	460	279	463
1천만 원 미만	140	106	101	144
계	731	945	484	1,055

화제가 된 신흥마을 옹기공장 보상문제

　광주첨단단지 보상 논의과정에서 북구 오룡동 신흥마을 옹기공장은 특별한 사례여서 화제가 되었다. 옹기공장에 대한 보상은 한국토지개발공사가 설립된 이래 첫 사례여서 명확한 보상 기준이 없었다. 사례의 특이성 때문에 논란이 빚어지자 지역신문에 보도되는 등 이목이 집중되었다.

1993년 광주매일에 보도된 신흥마을 옹기공장 보상 마찰 기사(사진: 저자)

　쟁점이 된 옹기공장은 북구 오룡동 500 신흥마을 이영자 씨 당시 50세 소유 330평 1,089m², 정갑룡 씨 당시 70세 소유 140평 462m², 김천옥 씨 당시 69세 소유 207평 683m² 등 가마터 3곳이었다. 이들은 신흥마을에서 2~4대에 걸쳐 옹기생산을 생업으로 영위해오다가 첨단단지가 들어섬에 따라 옹기공장을 계속하느냐 마느냐 하는 갈림길에 놓이게 되었다.

　'공공용지의 취득 및 손실보상에 관한 특례법 제24조 2항1의 조문'에 따르면 '휴업'은 공장 이전이 가능할 경우 3개월 치 영업 손실 보상을 해주고, 이전이 불가능할 경우 '폐업'으로 간주해 훨씬 많은 보상을 해줘야 한다고 되어 있다. 이에 따라 어느 기준을 적용하느냐에 따라 보상액이 8배나 차이가 나 사업시행자와 주민 간에 이견 차가 클 수밖에 없었다.

　한국토지개발공사 측은 옹기공장의 이전이 가능하다고 보고 '휴업'을 적용해 소유자들에게 3개월 치 영업 손실 보상비로 1,500~1,700만 원을 책정해 통보했다.

반면 이영자 씨 등 옹기공장 소유자들은 옹기공장 특성상 장소를 옮겨서 영업을 계속하기는 불가능하다며 '폐업' 보상을 강력히 요구했다.

이들은 이전이 불가능한 이유로 점토 등 원료 구입 및 기술자 확보가 어렵고, 인근 주민들의 행상에 의해 옹기가 판매되는 상황에서 시설을 옮길 경우 정상 가동이 어렵다고 주장했다. 또한 시설을 이전한다고 하더라도 1,000여 평 3,300㎡ 에 달하는 부지 확보 비용과 설치 비용이 막대해 한국토지개발공사가 제시한 금액은 턱없이 부족하다고 반박했다.

양측 간 서로 다른 입장 차이로 보상 협의가 잘 이뤄지지 않았다. 결국 보상문제는 중앙토지수용위원회의 심의안건으로 넘어갔으며, 최종적으로 '폐업'으로 결정돼 소유자들은 당초 한국토지개발공사가 제시한 금액보다 훨씬 많은 금액을 보상받았다.

보상받지 못한 백토광산

첨단단지로 편입된 지역에는 백토광산이 몇 군데 있었다. 백토를 지우개 모양으로 만들어 석유에 담가놓으면 실제 지우개가 된다는 이야기가 또래들 사이에 떠돌았다. 그래서 호기심에 어느 날 백토를 가져다가 호롱불 등잔에 넣었다가 꺼냈으나 전혀 달라진 게 없어 공책만 망친 일도 있었다.

백토광산 업주들도 영업보상을 신청했으나 광물로 인정받지 못해 광업권 보상을 받지 못했다.

주민들의 자긍심 지스트

1993년 이주민들이 떠나고 첨단단지 조성 공사가 본격적으로 시작되었다. 첨단단지는 미국 실리콘밸리처럼 세계적 수준의 이공계 대학을 유치해 대학의 연구 성과를 바탕으로 첨단산업을 육성하는 테크노벨트 techno-belt를 건설하는 것이 목표였다.

그래서 첨단단지의 핵심이 되는 이공계 대학 건설이 먼저 시작되었다. 첨단단지 전체 부지는 광산구 5개 행정동과 북구 3개 행정동 일대 579만 평 1,910만㎡이며, 대학 캠퍼스가 들어선 곳은 오룡동 일대 15만 평 49만 5천㎡에 달했다. 이 연구 중심 대학이 바로 오늘날의 지스트이다. 1995년 3월 개원을 앞두고 공사가 한창이던 1994년 7월 당시 임시 사무실로 쓰이던 곳이 비아중학교 옛 강당이었다.

건설 당시 나무 한 그루 없는 황량한 벌판이었던 이곳은 빨간 벽돌 건물과 메타세쿼이아 숲길 등이 어우러진 아름다운 캠퍼스로 변모했다.

지스트가 둥지를 튼 오룡동五龍洞은 다섯 마리 용의 전설이 서려 있는 곳이다. 이 지명은 인근 담양 병풍산으로부터 용의 형상을 한 다섯 개의 능선이 뻗어내려 이곳에 만나는 형세를 빗대어 탄생했다. 속설에 의하면 다섯 마리 용이 서로 승천하기 위해 도를 닦았던 곳이라고도 한다.

지스트가 염원하는 '용의 승천'은 이곳 연구실에서 과학기술 분야의 최고봉이라 할 수 있는 노벨상 수상자가 배출되는 것이다.

첨단과학기술의 산실 지스트 캠퍼스 전경(사진: 지스트 제공)

지스트는 개원 25년에 불과하지만 소수정예의 고급 과학기술 인재양성과 인류의 미래문제를 해결하는 선도연구를 통해 세계적인 연구 역량과 혁신적인 고등교육 시스템을 갖춘 연구중심 대학으로 성장했다. 대학원 재학생 100% 연구 참여, 모든 전공과목 영어강의, 영어 학위논문 필수, 박사학위 논문 해외인증제 등은 명품교육을 추구해온 지스트의 대표 브랜드가 되었다. 특히 영국의 세계적인 대학평가기관 QS로부터 최근 3년간^{2015~2017} 교수 1인당 논문 피인용지수 세계 2~3위를 기록할 정도로 우수한 연구역량을 자랑하고 있다. 창학 반세기의 짧은 연륜에도 불구하고 세계 수준의 이공계 대학으로 발돋움했다는 평가를 받고 있다.

이는 교수와 학생 및 교직원들이 200% 이상의 능력을 발휘한 결과이다. 목가적이고 서정적인 캠퍼스와 전혀 다르게 실험실 안에서 밤낮 치열한 실험과 연구를 반복해서 쌓아온 성취이다.

앞으로 지스트는 또 한 번 도약의 기회를 맞이하고 있다. 첨단3지구에 지스트 주도로 인공지능^{AI} 중심 과학기술창업단지가 들어설 예정이기 때문이다. 인공지능 집적단지 조성 사업은 2019년 정부의 예비타당성 조사 면제 사업으로 선정되어 2020년부터 5년간 4,061억 원이 투입된다. 이 사업을 통해 인공지능 스타트업 창업 1천 개를 유치해 고용 효과 27,500명, 인공지능 전문인력 5,150명 확보 등 미래 경쟁력 강화 및 국민의 삶의 질 제고를 목표로 하고 있다. 또한 지스트와 산학과제를 수행하는 등 R&D 투자도 병행할 예정이다. 이 사업은 기업의 죽음의 계곡^{Death Valley} 극복을 위한 인공지능 기술창업 활성화를 목적으로 하며, AI 기반 혁신 창업생태계를 조성을 통하여 'AI＋X^{주력산업}' 융합과 스타트업 활성화 그리고 세계적 수준의 AI 기업 육성을 목적으로 하고 있다.

지스트가 옛 비아 땅에 들어선 것에 대해 원주민들은 비록 고향마을은 사라졌지만 지역과 국가의 미래를 이끌어갈 세계 수준의 연구 중심 대학이 존재한다는 사실에 커다란 자긍심을 갖고 있다. 내촌 출신 서규열 씨 80세, 전 전남도교육청 교육국장 는 "조상 대대로 살아온 마을이 첨단단지로 편입되어 아쉬움이 있지만 내 고향에 우수한 이공계 대학이 설립된 것은 커다란 행운이자 자랑이다."라고 말했다.

첨단단지에 편입된 마을들

서릿발을 밟으며

삼소동에서

박준수

겨울 들길을 걷는다
피 묻은 동학군 깃발 들고
맵찬 칼바람에 옷깃 여미며
눈송이 휘몰아치는 용전 들녘 내닫는다
청보리밭 둑길을 걸어, 갈대 서걱대는 냇가를 지나
'정성머리들', '한장들' 가슴팍을 밟으며
까마귀 전설이 어린 비아 땅 향해
한발 한발 서릿발 밟으며 간다
겨울 궁중산은 구들장을 짊어진 듯 무겁게 가라앉고
영산강은 산그늘을 안고 굽이굽이 휘도네
변방으로 떠밀려 떠밀려 퇴적된 대지여
잠든 우리들의 꿈 마냥
깊은 수심 말없이 흐르는 강물이여
더께 긴 묵은 흙은 제 속살을 열고
머잖아 봄을 피우겠지
겨울 쓸쓸함이여, 안녕.

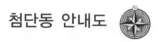

첨단1지구에 편입된 옛 마을 그래픽 약도

첨단단지에 편입된 마을

광주첨단단지는 1990년 7월 광산구 비아동과 북구 삼소동 일대 579만 평이 산업기지 개발구역으로 지정되었다.

행정구역상으로 보면 광산구 5개 동, 북구 3개 동이다. 두 지역 모두 행정구역상 도시이지만 당시는 농촌마을의 형태를 그대로 유지하고 있었다. 첨단단지로 편입된 광산구 5개 법정동은 쌍암동 응암. 미산, 월계동 장구촌, 내촌, 산월1,2동 개메→포산, 봉산1구 등이다. 이 지역은 광주시가 직할시로 승격된 1988년 1월 이전까지 광산군 비아면에 속했다.

북구 삼소동은 모두 자연마을로 이루어져 있었으며 대촌동 상대, 중대, 하대마을, 오룡동 반산, 신미산, 오룡, 잿말, 신점마을, 월출동 궁암. 금당, 뙤집, 해산, 후동, 중시암골 등 3개 법정동으로 구성되어 있었다.

인구는 6,253명, 가구 수는 1,398호로 비아 지구가 692호, 북구 삼소동 지구가 706호였다. 이 가운데 사업지구에서 제척되었으나 원형이 일부 남아 있는 대촌, 궁암, 응암마을이 있어 그 흔적을 살필 수 있다.

현재 지스트 옆 남도굿마당으로 쓰이고 있는 무양중학교 일부 교사와 중앙농원은 응암마을의 일부 자락이다. 봉산마을 주민 최 모 씨가 편입되기 전 마을 전경을 캠코더로 촬영한 것으로 전해진다 박흥식 씨 증언.

북구 3개동

▌용의 형세를 지닌 오룡동

지스트가 들어선 오룡동 五龍洞은 지형이 용처럼 생겼다고 해서 붙여진 이름이다.

오룡동은 원래 오룡, 반산, 치촌, 신점, 신미산 등 5개 마을이 합쳐져 생겨난 행정구역이다. 그리고 지스트는 이 가운데 치촌 잿말, 반산마을이 있던 곳이다. 지금도 잿말마을 일부가 남아 있다. 오룡동은 영산강 제방 안쪽에 정성머리들, 한 장들 같은 큰 들판이 있어 예부터 농사를 지어왔다. 오룡 五龍 마을은 예로부터 "다섯 마리 이무기가 내려와 머물면서 용이 되어 승천하기 위해 도를 닦았다."라는 전설이 구전되고 있다. 오룡마을 출신 김명갑 씨 1946년생 는 "어린 시절부터 용에 관한 이야기를 들은 적이 있다."라며 "실제로 마을 뒷산에 5개의 커다란 바위가 있었다."라고 말했다.

오룡동은 1914년 행정구역 개편에 따라 본촌면에 편입되었다. 이어 1935년 지산면 芝山面 으로 이름이 바뀐 뒤 1957년에 광주시에 편입되어 삼소 三所 동으로 바뀌었다.

삼소동은 조선시대 삼소지 三所旨 면에 속한 데서 연유한다. 조선시대 소 所 는 오늘날 같으면 공예촌을 이르는 것으로 삼소지는 신점리에서 옹기를 만들었고, 입동에서 삿갓을, 치촌 잿말 에서 종이를 만들었기 때문이다. 삼소동은 영산강과 접해 있어 영산강의 범람으로 인한 피해를 덜기 위해 높은 제방에 의지해 있다. 또 풍수지리상으로 들판 가운데 있는 배 형국이라 하여 입석을 세우고 해마다 당산제를 지내왔다. 조선시대 삼소지면은 1789년 8개 동네, 82가구, 333명이 살았으며, 1909년 민적조사 때는 11개 동네, 386가구, 1,638명으로 크게 늘어났다. 구한말 이

첨단단지 공사를 앞두고 보상을 위해 오룡동 마을 현장조사가 진행 중인 모습(1)(사진: LH 제공)

곳의 인구가 크게 늘었던 것은 옹기가마가 8개나 있어 전국 각지에서 옹기기술자들이 몰려들었기 때문이다.

향토사학자 김정호 씨는 "조선시대 세 가지 기술자들이 살던 삼소동에 첨단과학단지가 들어선 것이 신기하다. 또한 1862년에 제작된 대동지지가 삼소지 三所旨 를 왕소지 王所旨 로 기록하고 있는 점이나 이곳에 둔전, 궁암, 고내, 옥밭 등 큰 관아의 흔적이 있어 궁금증을 자아낸다."라고 말했다 김정호, 『광주산책 上』, 2014, 311~312쪽 .

신점마을은 한때 신흥마을이라 불렸다. 예로부터 옹기마을店 을 천대시하는 사회적 관습에 거부감을 느낀 마을 사람들이 신점新店 대신 신흥新興 마을로 개명을 요구했기 때문이다. 첨단단지 공사가 착수되던 1992년까지도 옹기가마 3곳에서 옹기를 생산했다. 신흥마을은 현 은혜학교 남쪽인 국립광주과학관 자리에 있었고, 마을 저수지는 신점제 또는 신흥저수지로 불렸으며, 로버트 할리가 세운 광주외국인 학교가 들어섰다. 국회의원을 지낸 이길재 씨가 신흥마을 출신이다.

첨단단지 공사를 앞두고 보상을 위해 오룡동 마을 현장조사가 진행 중인 모습(2)(사진: LH 제공)

첨단단지 조성 전 오룡동에서 바라본 은혜학교(사진: LH 광주전남본부 제공)

또한 이 당시 오룡마을은 35호가 거주하는 작은 마을로, 김해 김씨 집성촌이었다. 지스트 바로 옆에는 아직도 가옥 한 채 김갈수 씨 소유 가 남아 있어 옛 마을의 흔적을 살펴볼 수 있다. 그러나 이곳도 조만간 공공기관이 들어설 예정이어서 사라질 운명이다.

▌삼소동 묘에 얽힌 사연

과거 삼소동에 속한 오룡마을과 치촌마을은 평지지형을 이루고 있어 과수원과 축사가 산재해 있었다.

또한 공동묘지가 있어서 묘들이 지천으로 널려 있었다. 그래서 토공은 묘를 옮기는 데 골머리를 앓았다. 이장절차는 우선 묘지 주인을 찾아서 통지문을 보내 옮겨가도록 한 후 작업이 완료되면 보상금을 지급했다. 그런데 주인이 없는 무연고 묘나 허위 신고가 종종 있어 애를 먹기도 했다.

치촌마을 묘지를 이장하는 중에 특이한 일이 있었다. 이 마을 80대 할아버지 한 분이 이미 이장한 묘 자리에 또 한 개의 묘가 있다는 것이다. 토공 관계자는 상식적으로 이해가 안 됐지만 워낙 강하게 주장해 반신반의하는 생각으로 포클레인을 동원해 개장 작업을 벌였다.

한참 땅을 파도 기미가 없더니 4m 정도 파들어 가니 포클레인 삽날에 뭔가 긁히는 것이 감지되었다. 아니나 다를까 땅속 깊숙한 곳에 관 하나가 묻혀 있었다. 회곽분이라 잘 열리지 않는 뚜껑을 어렵사리 뜯어내니 그 순간 시커먼 물이 솟구치면서 시신 2구가 드러났다. 아마도 할아버지 친척분이 이곳이 명당이라는 생각에서 기존 무덤 위에 몰래 묘를 쓴 것으로 보인다.

또 한 가지 사례는 아카시아 넝쿨이 덮인 무연고 묘에 얽힌 사연이다. 신흥마을에 거주하는 아주머니 한 분이 묘 7기를 화순 이십곡리에 이장했다며 보상금을 신청했다. 무연고 묘의 주인이 이 아주머니였던 것이다. 원래 묘가 있던 현장에 가보니 아카시아 뿌리가 넝쿨을 뻗어 묘가 있던 자리인지 분간할 수 없었다. 그래서 새로 이장한 이십곡리에 가서 확인해보니 사실로 판명돼 아주머니는 보상금을 지급받을 수 있었다. 반면 마을 일부 주민은 허위로 이장을 했다고 신고했다가 거짓임이 드러나 체면을 구기는 해프닝도 있었다.

▌ 월출동

월출동은 매부랑재에서 해산마을을 거쳐 궁중산^{65m}으로 이어지는 구릉지가 높하늬바람^{뱃사람들의 은어로, '서북풍'을 뜻함}을 막아주어서 일찍이 마을이 들어섰다. 궁중산을 안산^{案山. 집터나 묫자리 맞은 편에 있는 산} 삼은 금당마을은 응천보^{應天洑}를 막아 영산강 물을 끌어들여 농사를 지었다. '궁중바우', '둔전^{屯田}'과 같은 땅이름이 있어 예로부터 관가와 인연을 맺었고 포구가 있었을 것으로 여겨진다. 삼소지^{三所旨}와의 경계에는 용산장^{龍山場}이 섰다.

이곳은 1914년 행정구역 폐합에 따라 금당리, 궁암리와 해산리, 상대리, 용정리, 고내리의 각 일부와 우치면의 용전리 일부 지역을 병합하여 월산리月山里라 해서 본촌면에 편입되었다.

월산리는 광주 남구 월산동과 이름이 같아 혼동을 초래한다는 이유로 월출동으로 지명을 바꾸었다. 1957년 동제실시에 따라 삼소동의 관할이 되었다. 그리고 1998년 9월 21일 자로 건국동에 통폐합되었다.

▎대촌동

대촌동大村洞은 250가구에 상대, 중대, 하대마을로 이루어졌으며 500여 년 전에 청풍 임씨가 들어와 마을을 이루었다고 한다. 그 후에 김해 김씨, 광산 김씨, 청주 한씨, 밀양 박씨가 들어와서 큰 마을로 발전하였으나, 광주광역시와 가까운 지역이라 점차 이주자가 늘어 첨단단지 편입 당시는 김해 김씨 60여 가구, 광산 김씨 15가구, 청주 한씨 12가구, 밀양 박씨 10여 가구, 청풍 임씨 5가구, 기타 성씨가 집성촌을 이루고 생활하고 있었다. 6·25 전쟁 이후 토착민이 35%, 농경지는 15~20%만이 본래 마을의 인구 형성과 토지 소유로 되어 있다고 한다.

대촌마을 앞 들판은 농경지가 된 지역으로 영산강 상류 강변 지역에 위치하여 토지가 비옥하고 광활한 땅이 되었으나 거의 타지인의 소유였다. 농경지로 부리었던 긴배미, 길모배미, 넙디기, 동녘굴, 미주배미, 바위배미, 백마배미, 질알배미, 비락배미가 모두 첨단과학단지로 편입되었다.

1950년대 개교해 1990년대 문을 닫은 주암초등학교가 있었으며 현재 그 자리에는 근로복지공단 등이 들어서 있다.

본래는 광주군 삼소지면 소재지이므로 삼소지三所旨, 큰마을 또는 대촌大村이라 하였다. 1914년 행정구역 폐합에 따라 본촌면에 편입되었다. 1957년 다시 광주시에 편입되어 리里를 동洞으로 고치고 동洞제 실시에 따라 삼소동의 관할이 되었다가 1998년 9월 21일 건국동에 편입되었다.

한편, 현재 남아 있는 오룡동과 대촌동은 첨단 3지구에 편입될 예정이다. 첨단 3지구는 북구 오룡동, 대촌동, 광산구 비아동, 장성군 진원, 남면 일원 총 379만㎡ 부지이며, 오는 2025년까지 공영개발방식으로 개발된다. 이곳은 인공지능 기반 과학기술창업단지, 국립심혈관센터와 의료용 생체소재 부품산업 집적화 단지가 조성된다.

장성 남면 삼태리

　장성 남면 삼태리 三台里 는 불태산의 한 자락인 기안산74.9m 남쪽에 자리 잡고 있다. 지명의 유래는 별자리 삼태성 三台星 자리에서 따온 것으로 세 개의 마을로 이루어져 있다. 기안산 남쪽 기슭에 서태 西台 마을과 중태 中台 마을이 위치해 있고 중태마을 동남쪽 500m에 동태 東台 마을이 있다.

　지스트 배후 지역으로 광주 북구 오룡동 첨단과학단지와 경계선을 접하고 있는 곳이다. 그래서 산업단지 확장 수요에 따라 2014년 동태마을과 중태마을 일부가 장성나노일반산업단지에 편입된 데 이어 서태마을도 조만간 첨단 3지구로 개발될 예정이다.

삼태리 동태마을의 옛 풍경은 고향의 포근한 정감을 느끼게 한다. 이 마을은 2014년 장성나노산업단지에 편입되어 지금은 추억 속의 한 장면이 되었다.(사진: 삼태리 변요섭 이장 제공)

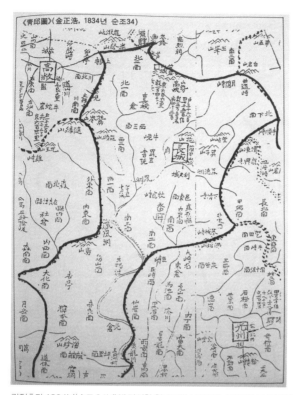

김정호가 1834년(순조 34년)에 작성한 청구도에 삼태리가 속한 장성 남일면이 보인다.(장성 남면 마을사)

이 지역은 조선시대 때 남일면에 속했다. 1789년 간행된『호구총수』
에는 삼태리 관내에 저작리^{著作里}, 반산촌^{畓山村}, 치촌^{峙村}, 동태리^{東台里},
중태리^{中台里}, 태정리^{台井里}, 서태리^{西台里}, 와산리^{臥山里} 8개 마을이 있는
것으로 기록되어 있다. 1914년 행정구역 개편 때 동태리, 서태리, 중태
리, 치촌리, 반산리, 저작리 각 일부가 합쳐져 남면 삼태리에 속하게 되
었다.

이 가운데 치촌마을은 행정구역상 장성과 광주로 갈라져 있었는데
1983년 하나로 합쳐져 현재는 광주시 북구 오룡동에 속한다. 1995년 12

월 발행된『장성군 마을사』남면 편에 따르면 치촌은 약 400년 전에 광산 이씨가 최초로 마을 터를 잡았다고 한다. 일제강점기에는 광산 이씨 동족마을로 40가구 정도가 거주하였으나 이후 인구 이동으로 1995년 당시 광산 이씨, 홍주 송씨, 수원 백씨, 진원 박씨, 행주 기씨 등이 살고 있었다.

1983년 이전에는 마을이 장성 남면과 광산군 지산면 경계에 위치해 18가구는 장성군에 속했고, 20가구는 광산군에 속한 특수한 마을이었다. 이 때문에 행정상 문제점이 많았는데 6·25 때는 경찰이 군입대 영장을 가지고 찾아오면 군입대를 회피하기 위해 광산군에서 오면 장성군에 속한다고 우기고, 장성군에서 오면 광산군에 속한다고 우겼다는 일화도 전해진다. 광복 이후 여러 차례 하나의 행정구역으로 통합하려고 했으나 성사되지 못하고 1983년에야 통합되어 북구 오룡동에 편입되었다.

서태마을은 1995년 12월 발행된『장성군 마을사』남면 편에 따르면 약 400년 전에 진원 박씨가 노고봉 아래에서 터를 잡고 살다가 약 150년 전에 현 위치로 옮겨왔다고 전한다. 일제강점기에는 진원 박씨 15가구, 나주 임씨 20가구, 나주 나씨 3가구 등 약 60가구가 거주하였다. 특히 일본인도 2가구가 거주했는데, 외빡등에서 하라다가 4명의 가족과 함께 광복 전까지 약 10년간 농사를 지었으며, 쪽박등에선 미아사토가 배 과수원을 경작하다가 일본으로 돌아갔다.

마을 서쪽 옛 송강초등학교 뒤편에 샘이 있었으며 수백 년 된 버드나무가 있었다. 또 진원 박씨 제각인 서원제와 고종황제가 승하하자 정자를 지어 통곡했다는 망북정이 있었다.

풍수설로는 서태, 중태, 동태마을 형국이 저울과 같다고 하여 중태를 중심으로 서태가 흥하면 동태가 쇠하고 동태가 흥하면 서태가 쇠한다고 전한다.

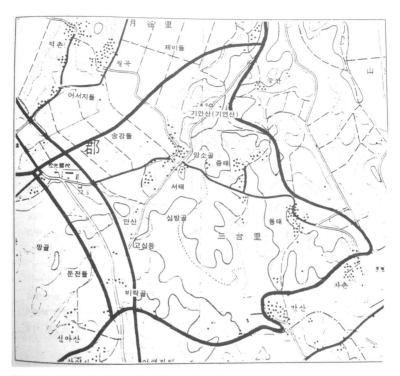

장성 남면 삼태리를 한눈에 볼 수 있는 마을 지도(장성 남면 마을사)

　가운데에 위치한 중태마을은 약 570년 전에 진원 박씨가 처음 터를 잡았으며 삼태리에서 가장 오래된 마을이다. 진원 박씨 30여 가구가 약 400년간 동족촌을 이루다가 일제강점기에는 진원 박씨, 광산 이씨, 광산 김씨, 나주 이씨 등 약 40가구가 거주하였다.

　1995년 당시 진원 박씨 16가구, 광산 김씨 6가구, 나주 임씨 3가구, 나주 나씨 2가구, 문화 유씨 2가구, 광산 이씨 2가구, 김해 김씨 2가구, 장흥 고씨, 행주 기씨, 밀양 박씨, 금성 범씨, 파평 윤씨, 동래 정씨, 한양 조씨, 청주 한씨, 보성 선씨, 탐진 최씨 등 47가구가 살았다. 이 마을에는 '달을 바라보는 토끼' 형국의 옥토망월玉兎望月 명당이 있다고 하는

데, 그곳이 진원 박씨 제실 뒤 또는 산 103번지 묘지 자리라는 설이 있다. 진원 박씨 제각 추원제追遠齊가 있었으며 1977년 5월 마을 주민 집터에서 16~17세기 것으로 보이는 백자항아리가 발견되어 현재 광주시립민속박물관에 보관되어 있다.

동태마을은 가장 안쪽에 있는 마을로 약 300년 전에 진원 박씨가 처음 들어와 살았고 일제강점기에는 진원 박씨와 홍주 송씨를 비롯해 44가구가 거주하였다. 6·25 전쟁을 겪고 난 후 타지로 많이 떠나고 울산 김씨, 인동 장씨 등 다른 성씨가 이주해 살았다. 마을에 커다란 방죽이 있어 심한 가뭄에도 논에 댈 물 걱정이 없을 정도로 물이 풍부했다. 또한 동태마을의 샘물은 물이 좋기로 소문나 다른 마을 사람들이 샘물이 떨어지면 새벽녘에 몰래 찾아와 "물 길러 간다." 하고 소리치면서 물을 길어갔다고 한다. 또한 이곳의 샘물을 길어다가 자기 마을 우물에다 부으면 이 마을의 행운까지 함께 따라간다고 해서 이를 막기 위해 동태마을 사람들은 저녁마다 교대로 우물을 지켰다.

한편, 삼태리 510번지에 송강초등학교가 있었으나 1995년 9월 1일자로 폐교되어 분향초등학교로 통합되었다. 송강초교는 1967년 분향초등학교 삼태 분교로 개교해 2년 후인 1969년 3월 송강초교로 승격되었다가 1994년 2월 24회 졸업까지 1,522명의 졸업생을 배출했다.

삼태리 이장 변요섭 씨는 "행정구역상 장성에 속하지만 생활권은 광산 비아였다."라고 하면서 "어릴 적 비아초등학교와 무양중학교를 다녔으며 부모님들도 황룡장보다는 비아장을 주로 이용하였다."라고 회상했다. 또한 "산업단지가 들어서면서 도시화가 되었으나 광주로 오가는 대중교통이 적고 편의시설도 부족해서 생활에 불편한 점이 많다."라고 말했다.

동태마을에 집들이 옹기종기 모여 있고 저만치 과수원이 보인다.(사진: 삼태리 변요섭 이장 제공)

송강초교는 1967년 분향초등학교 삼태 분교로 개교해 2년 후인 1969년 3월 송강초교로 승격되었다가 1994년 2월 24회 졸업까지 1,522명의 졸업생을 배출했다.

광산구 5개동

▌쌍암동

미산마을

본래 미산眉山 마을의 이름은 구암龜巖 으로 마을 뒷산에 거북이 형상의 바위가 있어 붙여진 이름이다. 그 뒤 중국 미산에서 많은 인물이 배출되었다 하여 이름을 미산으로 고쳤다는 설이 있다. 또 마을이 산의 눈썹 부근에 위치하고 있어 미산이라 불렀다고도 한다. 1789년 조선 후기 호구총수 기록에는 천곡리 구암마을이 나타난다. 1914년 4월 1일 행정구역 개편 때 천곡면의 구암리 일부와 오룡리 일부를 통합하여 비아

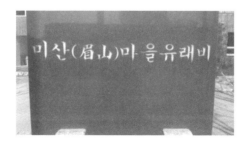

면 관할의 쌍암리에 편입되었다. 1988년 1월 1일 광주직할시에 편입되어 광산구 비아출장소 쌍암동 관할이 되었다. 마을에 처음 터를 잡은 성씨는 김해 김씨로 임진왜란 당시 의병활동을 하다가 순절한 김응복金應復 1568~? 의 자손인 김윤세 1676~1717 가 장성 처가인 광산 김씨를 찾아 이 지역에 들어와서 마을을 형성하였다고 한다.

첨단단지가 조성되기 전에 총 69가구가 살았고 주민 대부분이 농업에 종사하였다. 고추, 참외 등의 하우스 작물을 재배하였고, 특히 배, 감 등 과수작물을 재배하여 농가 소득을 높였다. 미산마을이 있던 곳은 쌍암공원 남동쪽에 위치하며, 광주우편집중국 서쪽에 있는 광주국도관리사무소 일부 쌍암동 684-2번지 와 쌍암동 684-1번지, 682-4번지, 685-8번지를 둘러싸고 있는 지역이다. 신미산마을은 현재 영화관 메가박스가 들어선 쌍암동 688-4번지 일대에 위치해 있었고, 이 마을의 지명과 관련 있는 구암龜巖, 즉 '거북바위'는 쌍암동 685-1번지 부근에 있었다.

미산마을은 응암마을을 지나 영산강둑 방향 평야지대로 야트막한 궁중산혹은 궁중바위 이 자리하고 있는 마을이었다. 미산은 김해 김씨가 많이 살았다. 첨단단지 편입 전에는 78가구가 농사를 짓고 살고 있었으며 과수원 2곳과 포도밭, 양계장이 있었다. 미산과 인접한 신미산은 15가구가 거주하고 있었으며 행정구역상 북구 오룡동에 속했다.

궁중산은 KBS '전설의 고향'에 '공중에 뜨는 바위'로 소개되어 전국적인 유명세를 탔다. 방송 이후 한동안 서울 등 외지인들이 신기한 궁중바위를 구경하기 위해 몰려들기도 했다. 그러나 궁중산은 야트막한 산으로 신비스런 요소가 있는 것은 아니고 그저 이름에서 비롯된 속설에 불과했다. 동네 구릉지를 마을 사람들은 '왕겨'라고 불렀는데, 왕겨는 더 높은 산에 딸린 구릉지를 일컫는 사투리이다.

마을에서 멀지 않은 곳에 영산강이 흐르고 있어 여름에는 헤엄도 치고 천렵도 즐기는 피서지였다. 드넓은 백사장에는 갱강 조개, 칼조개가 살고 있고 모래무지가 떼 지어 다닐 정도로 물이 깨끗했다. 영산강변 백사장에서 동네 아이들은 야구, 축구시합 놀이를 즐기는가 하면 강변 모래밭에 심어진 땅콩을 서리해 먹기도 했다.

미산은 비아면 최초로 새마을사업을 실시한 선도마을로 백사장 모래는 새마을운동 당시 마을길을 포장할 때 골재로 사용되었다.

1970년대 중반 미산은 새마을운동 우수마을로 선정돼 당시 국무총리였던 김종필 씨가 마을을 방문한 적이 있다. 미산은 김해 김씨 집성촌인데 김종필 씨가 가락 김씨여서 문중연고로 참석한 걸로 알려졌다. 헬기를 타고 온 김 씨는 무양중학교 운동장에 내려 승용차로 마을에 도착했다. 그는 마을회관에서 김노중 씨 등 새마을운동 관계자들과 기념식수를 하고, 양어사업 장려 차원에서 쌍암저수지에 잉어를 방류했다. 김노중 씨는 상록수상을 수상한 마을 유지로 지역사회에 영향력이 컸다. 비아 선학목욕탕 주인 선오임 씨는 미산에서 처음으로 배 과수원을 조성해 경작했다. 그리고 나중에 양계장을 마을에서 최초로 조성해 경영했다.

응암마을

매가 바위를 날다가 마을 동서 양편에 하나씩을 떨어뜨렸다 해서 마을 이름을 '매바위', 즉 응암鷹巖이라 하였다. 1789년 조선 후기 호구총수에 천곡리 응암촌이 나타나고 있다. 1914년 4월 1일 행정구역 개편 때 천곡면의 응암리가 비아면 관할의 쌍암리에 편입되었고, 1935년 10월 1일 광주군이 광산군으로 개칭되면서 광산군 비아면 쌍암리에 속하였다. 1988년 1월 1일 광주직할시에 편입되어 광산구 비아출장소 쌍암동 관할이 되었다.

응암마을 유래비

1700년대에 탐진 최씨와 청주 한씨가 들어와 마을을 형성하였다고 하며, 일제강점기에 일본 사람들이 많이 들어와 과수원을 조성하였다.

첨단지구가 조성되기 전의 인구는 총 94가구에 인구 367명 남 177, 여 190이 거주하였다. 주민은 김, 이, 한, 최씨가 대부분을 차지했다. 주민 대부분이 농업에 종사하였고 일제강점기에 야산을 개간하여 조성한 과수원에서 나오는 수익이 농가 소득의 대부분을 차지했다. 마을 입구 진등에는 금호그룹 창업주 박인천 씨 소유 뽕나무 밭이 있었다. 부녀자들이 뽕나무밭에서 양잠 일을 했다. 과수원 지대였던 미산, 응암, 장구촌 사람들은 대부분 과수원과 관계를 맺고 생계를 꾸리며 생활했다. 남자들은 과수원에서 막일을 하고 부녀자들은 수확 철 감과 배를 받아서 광주로 나가 양동시장 등에서 장사를 했다. 그래서 이 마을 사람들은 다른 지역 사람들보다 상업에 일찍 눈을 떠 상인의식이 강하고 돈벌이에 관

첨단단지가 들어서기 전 쌍암리 응암마을 전경(사진: 한종실 씨 제공)

심이 높은 편이라 할 수 있다.

응암마을은 쌍암동 660-4번지 부근에 위치하였으며 지금의 첨단 1동 대주아파트 109동 1·2라인과 쌍암동 675-2~4번지 일부와 첨단 2동의 라인아파트 103동을 포함하여 임방울대로 우리은행 4거리 주변에 있었다. 당시 응암들에 물을 공급하였던 응암제^{물개방죽}가 응암공원 옆 미산초등학교, 우미 1차 아파트 전체, 라인 3차 아파트의 105·107·108·109동, 삼능아파트 103·107·108동 일대에 있었으며 하류인 둑은 라인 3차 아파트 부근에 있었다.

응암마을 유래비가 행복주택 4거리에 놓여 있으며, 응암마을에 있던 당산나무가 나중에 응암공원으로 옮겨졌다.

당시 응암마을에 송인섭 씨 과수원이 있었는데 이곳에는 일본식 2층 다다미방이 첨단단지 편입 전까지 남아 있었다. 송인섭 씨 과수원을 벌었던 사람은 장복동 씨였다. 송인섭 씨는 광산본량 송씨로 비아초등학교를 졸업한 그는 미산에 외갓집이 있어 이곳에서 어린 시절을 보낸 것으로 알려졌다. 그는 5·16 당시 대구헌병대장이었다. 예편 후 진도군수를 비롯해서 장성군수, 전남도 보사국장, 여천군수를 역임했다.

1965년 진도군수로 재직 당시 섬 주민의 식량문제 해결에 발 벗고 나서 기근을 면하게 해준 사례가 있다.

"1965년 봄 진도 만재도^{晩才島}에는 87가구, 563명이 살고 있었다. 그해 봄에는 심히 바람도 많아서 3개월째 교통이 두절되었다. 농경지라곤 밭 2,300평뿐으로 육지에서 같으면 한 농가 경작면적도 안 된다. 그러므로 해초를 팔거나 고기를 잡아 목포에서 그때그때 사오는 처지에 절량이 될 수밖에 없었다. 견디다 못한 섬사람들은 몇 사람이 파도에 휩쓸려 죽는 한이 있더라도 섬사람 563명을 살려야 한다고 식량보충결사대를 조직해 범선으로 진도에 건너가 구호를 요청하였다. 긴급 구호요청을 받은 군청은 당시 군수 송인섭 씨의 진두지휘하에 5월 6일 긴급구호

양곡을 여객선에 싣고 현지에 도착, 아사를 면했다." 김정호, 『섬·섬사람』, 1991, 33쪽.

송 씨는 과수원이 첨단단지로 편입되자 보상금을 받아 서울로 이주해 장애인을 돕는 자선사업을 벌이며 노후를 보낸 것으로 알려졌다. 사후에 대전국립현충원에 안장되었다.

응암마을에는 현재 비아중학교의 전신인 무양중학교가 있었다. 무양중학교 주변으로는 과수원이 에워싸고 있었다. 심지어 김창옥 씨 과수원은 교실 창문에서 손을 뻗어 과일을 따먹을 수 있을 정도로 가까웠다. 마을 주민 김득수 씨작고는 비아원예조합장 출신 강문석 씨와 공동으로 배 과수원을 조성해 큰 소득을 올렸다. 강 씨는 일본에서 개발한 'Y자형' 재배방식을 배워 이곳에 적용해 높은 수확량을 거두었다. 또 김득수 씨 과수원 건너편에는 면장을 지낸 박진수 씨 과수원이 있었다 김희창 씨 증언.

이 마을에서 출세한 인물로는 인천시청 도시국장, 공군 파일럿 중령예편 등이 있으나 특출하게 이름을 드러낸 인물은 별로 없다. 이 마을 출신 박흥식 비아농협조합장은 "아마도 마을이 큰 산이 없는 평지에 있어서 그런 것이 아닌가 싶다."라고 말했다.

신미산마을

미산마을 옆에 새로 생겨난 마을이다. '신미산新眉山' 또는 '새터'라고 불렀다. 1957년 11월 6일 광주시에 편입되어 오룡동 관할이 되었고 1957년 12월 2일 지산출장소 삼소동 관할이 되었다. 마을에 처음 터를 잡은 성씨는 김해 김씨로 약 100년 전에 오치에서 옮겨왔다고 하며 입향入鄕 연유는 그 후손들이 모두 떠나 정확히 알 수 없다. 김해 김씨와 청송 심씨 등이 살았다. 택지조성 이전 15가구가 살던 소규모 촌락으로 주민 대부분이 농업에 종사하였다. 신미산마을은 현재 쌍암동 688-4번지 영화관 메가박스 건물이 있는 곳으로 택지 조성 전에는 북구 오룡동에 속해 있었다.

월계동

내촌마을

내촌^{內村} 마을은 조선시대 천곡면 군수리에 속했다. 한자로는 郡水里, 郡受里 혹은 郡守里라 표기했다. 郡守里라 불린 것과 관련 다음과 같은 일화가 있다. 조선조 때 좌수 최일용^{崔壹溶}의 초청으로 당시 광주목사가 묵어갔는데 주민들은 마을에서도 군수^{郡守}가 나오길 바라는 뜻에서 마을 이름을 군수리라 지었다. 호구총수 기록에 동면 천곡리 내촌이 나온다. 1914년 행정구역 개편 때 천곡면의 군수리가 비아면 관할의 월계리^{月桂里}에 편입되었으며, 1935년 광주읍이 부로 승격되어 광주부로 독립됨에 따라 광주군이 광산군으로 개칭되면서 광산군 비아면 월계리에 속하게 되었다. 1988년 1월 1일 광주직할시에 편입되어 광산구 비아출장소 월계동 관할이 되었다. 탐진 최씨와 이천 서씨가 처음 마을에 들어왔다고 하며, 400년 전 최의립^{崔儀笠}이 인근 봉산마을에서 이주하였고 같은 시기에 서경승^{徐慶承}이 들어와 정착하면서 마을이 형성되었다. 그 뒤 청주 한씨와 김해 김씨, 여양 진씨 등이 들어오면서 큰 동네가 형성되었다.

마을에는 탐진 최씨 문중이 설립한 무양서원이 있으며 공원으로 지정되었다. 무양서원 자리에는 조선시대 관아 세금창고인 동창^{東倉}이 있었다. 여기에서 모은 세곡은 조선 초까지는 나주 영산창으로 운송되었으며, 16세기부터는 영광 법성포로 이송되었다_{김영헌, 「광주의산」, 2017, 286쪽.}

천곡^{泉谷}면의 유래가 된 큰 샘이 마을 안에 있었다고 전해진다. 또한 마을 앞의 넓은 들녘에 물을 공급하기 위해 현 남부대학교 부지 일부와 인근에 월계제 방죽이 있었다. 이 방죽은 마을의 샘물을 이용해 만든 저수지였다. 내촌마을은 산월초등학교의 정문방향으로 운동장을 길게

남북으로 가로질러서 남쪽으로 월계5길과 첨단중학교 일부에 위치하고 있다. 첨단지구가 조성되기 전에는 136가구가 살았고 주민 대부분이 농업에 종사하였다. 그밖에 보리 및 배추를 재배하기도 하고 시설원예를 하여 소득을 올렸으나 주 소득원은 벼농사였다.

내촌마을은 일찍이 교육열이 높아 사회지도층 인사를 다수 배출했다. 일제강점기에 검사를 비롯하여 안기부 총무국장, 병원장, 교수·교장 등 다방면의 인물들이 많이 나왔다.

또한 광주농고를 졸업한 최영복 씨는 광주 씨름판을 주름잡은 천하장사로 이름을 날렸다. 대회마다 출전하면 우승을 차지해 황소를 끌고 오곤 했다.

서욱 육군참모총장, 서민 전 넥슨 코리아 대표가 이 마을 출신이다. 서민 전 대표는 전라남도교육청 교육국장을 역임한 서규열 씨의 자제이다.

발굴조사를 마친 후 첨단단지 조성과 함께 새로 단장한 장고분 모습(사진: 김승현)

장구촌마을

마을 어귀 논 가운데 고분이 있는데 이 고분이 마치 국악기의 하나인 장구처럼 생겼다고 해서 마을 이름을 '장구매' 또는 '장구촌'이라 불렀으며, 서씨와 심씨가 터를 잡은 곳이라 해서 '서심터'라고도 불렀다. 호구총수 기록에 천곡면 장구촌 長龜村 이 나타나는데 지금의 한자와 다르다. 1914년 4월 1일 행정구역 개편 때 천곡면의 장구리 長久里 가 비아면 관할의 월계리 月桂里 에 편입되었고 1935년 10월 1일 광주군이 광산군으로 개칭되면서 광산군 비아면 월계리에 속하게 되었다. 1988년 1월 1일 광주직할시에 편입되어 광산구 비아출장소 월계동 관할이 되었다.

조선 중기 이웃마을 내촌에서 이천 서씨 일부가 옮겨와 마을이 형성되었고 뒤이어 장성 남면에서 청송 심씨가 들어와 마을이 번성하였다. 장구촌은 청송 심씨, 광산 김씨, 이천 서씨 등 각 성이 모여 살았다. 첨단지구가 조성되기 전 인구는 대략 300명 정도였으며, 주로 농업에 종사하면서 특작물로 담배를 재배했다. 장구촌마을은 장고분을 기준으로 서쪽은 남양아파트 101동을 지나 월계동 820-16번지, 남쪽은 월계동 824-1번지의 어린이공원을 동서로 가로질러 있고, 동쪽은 장고분에서 남서쪽 대각선으로 월계동 766-1번지를 지나 월계동 826-20번지까지 형성되어 있었다.

▌산월동(山月洞)

포산마을

과거 영산강을 따라 배가 드나들 때 산 밑 포구가 있는 마을이라 하여 '개메', 즉 포산 浦山 이라 불렀다. 호구총수 기록에 천곡면 포산마을이 있다. 1914년 4월 1일 행정구역 개편 때 천곡면 포산리가 비아면 관할의 산월리에 편입되었고 1935년 10월 1일 광주군이 광산군으로 개칭되면서 광산군 비아면 산월리에 속하게 되었다. 1988년 1월 1일 광주직할시에 편입되어 광산구 비아출장소 산월동 관할이 되었다.

1700년대 영조 때 장수 황씨 황익용黃翼龍. 1708~1789이 사화를 피해 예조참의의 벼슬을 버리고 이곳에 터를 잡으면서 마을이 형성되었다. 첨단지구가 조성되기 전에는 34가구가 살았고 주민 대부분이 농업에 종사하면서 특작물로 담배를 재배하였다. 포산마을은 지금의 무양공원 동쪽 일부를 비롯하여 북쪽으로 월계동 895-1번지, 서쪽으로 부영 2차 아파트 서쪽 도로 중앙, 남쪽으로 월계동 896-10번지 주택가에 걸쳐 형성되었던 마을이다.

포산마을개메에는 음기가 쎈 곳으로 알려져 음기를 막기 위해 마을 입구에 남근석 2~3기가 있었다. 마을 처녀들이 바람난 경우가 많아 이를 막기 위해 세웠다는 속설에 따른 것이다. 외부인들에게 경계심을 심어주기 위한 것이라고도 한다. 남근석의 크기는 120~130cm 정도로 추정되며 첨단단지 개발과정에서 수집가들이 몰래 반출해간 것으로 추정된다. 포산마을은 황씨, 전田씨 집성촌으로 20가구가 거주하고 있었다.

포산마을 입구에는 커다란 나무 두 그루가 있었는데 나중에 쌍암공원으로 옮겨져 심었다. 지금도 대보름날 당산제를 지낸다이갑만 씨 증언.

포산마을에는 남일유치원 설립에 관한 미담이 전해지고 있다. 이 마을 출신인 한 수녀님이 토지 보상금으로 받은 돈으로 아이들 교육을 위해 남일유치원을 설립해 천주교 재단에 기부한 것이다. 외진 곳에 천주교재단의 유치원이 생기자 마을 주민들에게는 매우 반가운 일이어서 지금도 칭송이 자자하다.

비아동 마을의 형성과 변천

비아동은 장성군과 광산구 첨단동이 근접해 있으며, 호남고속도로가 지나가고 있다. 또한 국도 1호선이 지나가고 있어 이 지역의 농산물 유통이 보다 쉽게 이루어지는 계기가 되었다. 그 영향으로 비아면 소재지가 발전되어 현재에 이른다. 이것이 상업의 발달로 이어지면서 조용한 농촌의 모습이 조금씩 변화되어 산업화, 택지화되는 과정에 있다. 하지만 아직도 전형적인 농촌의 모습에서 벗어나지 못한 채 도시와 농촌의 복합적인 요소를 띠고 있는 상황이다. 비아동에서 특히 도천동과 수완동 지역은 농촌의 모습을 간직하고 있으면서 수완택지 개발로 인해 도로 교통망이 개선되어 인접한 첨단단지와 신가 택지 지역과의 소통이 원활하게 되었다. 조선시대는 광주목 천곡면 아산마을이라 했고, 그 후 행정구역 통합으로 상아산, 하아산 2개 마을을 합쳐 비아리로 개칭하였다. 1575년 김해 김씨가 처음으로 정착하였으며, 그 후 충주 박씨를 비롯해 여러 성씨들이 모여 살고 있다. 장터마을에 열리는 비아5일장은 지금도 어김없이 5일마다 장이 선다. 장이 서는 날이면 상인들과 인근 농민들이 갓 농사지은 농산물을 가지고 나와 물건을 사고파는 사람들로 비아장은 활기를 띤다. 비아동의 주요 자연마을은 상아산, 하아산, 장터마을이 있고 공동주택은 호반아파트와 중흥아파트가 있다. 최근에는 필리핀, 베트남, 캄보디아 등 동남아국가 외국인들이 많이 들어와 살고 있다. 비아에 거주하는 외국인은 2017년 기준 555명이다.

상아산마을

비아동의 제일 북쪽에 위치한 상아산 上鵶山 마을은 장성군과 경계 지역이다. 마을이 마치 나는 까마귀 같다 하여 붙여진 이름이다. 1914년 행정구역 개편 때 장성군 남면 회산리와 신아산리 각 일부를 병합하였는데, 윗동네라 하여 상아산이라 불렀다. 상아산은 1600년쯤 김해 김씨 김단경 金端慶 이 임진왜란을 피해 들어와 정착하여 현재 103가구 중 김해 김씨가 30여 가구로 여전히 많은 수를 차지하고 있으며, 충주 박씨, 나주 오씨, 경주 이씨 등이 살고 있다. 한말 의병장 최군선 崔君先 의 태생지이고 1987년 일가족 11명을 거느리고 북한에서 귀순한 김만철의 고향이기도 하다. 현재 40여 가구 정도가 농업에 종사하고 있는데 비아동이나 인접한 장성군 남면에 있는 농토를 소유 또는 임대하여 농사를 짓고 있다.

하아산마을

비아동주민센터 근처에 위치하며 하아산 경로당이 마을 입구에 자리 잡고 있다. 상아산의 아래쪽에 위치한다 하여 하아산下雅山이라 부른다. 충주 박씨 박재승朴再乘이 1710년 서창면 사동에서 옮겨와 마을을 이루었다. 현재 총 72가구에 150명 정도가 거주하고 있으며, 김해 김씨를 비롯한 충주 박씨, 경주 이씨 등이 많다. 이 중 농업에 종사하는 가구는 10가구 정도 있다.

장터마을

장터마을은 호남고속도로가 바로 옆에 위치하고 있다. 마을을 상하로 구분하여 윗장터, 아랫장터라고 부른다. 장터마을 부근에서 열리는 비아5일장은 여전히 이 지역의 명소로 비아동 일대의 경제적 활성화와 지역민의 교류 역할을 담당하고 있다. 과거 시장터에 장구샘이란 큰 우물이 있어 시장의 번창을 도왔으나 대략 10여 년 전에 없어졌다. 비아장은 구한말 때부터 성황을 이루었고, 장이 있다 하여 장터마을이라 불렀다. 비아장은 과거 비아면 출장소가 있던 비아면 소재지에 위치하며, 1979년 실시한 소도시 가꾸기 새마을 사업으로 장터자리가 정비되어 깨끗한 번화가를 이루었다. 장터마을은 100년 전 김해 김씨, 광산 김씨, 탐진 최씨 등이 들어와 정착하였다. 호남고속도로가 놓이면서 상가가 조성되었고, 면소재지로 발전되어 현재에 이른다. 주민들은 주로 상업에 종사하였으며 마을 주변에는 일제강점기에 조성한 과수원이 많았다. 지금은 도로변을 따라 작은 상가들이 들어서 있고 주변에 소규모 과수원이 보인다. 현재 총 233가구에 503명이 거주하고 있다. 이 중 원

주민은 40여 가구 정도이고 나머지는 타지에서 유입된 가구이다. 인근 호반아파트 주변에 소규모 점포들이 많이 분포하고 있으며, 장터마을 비아중앙길 농협 옆에 박원삼 朴源三 의 공덕을 기리는 시혜불망비 施惠不忘 碑 가 있다.

첨단단지 개발에 대한 이주민 소회

　한국토지개발공사는 첨단단지 편입 지역 주민들의 주거대책으로 이주자 택지 1천 필지를 월계동 숭덕고 앞에 마련했다. 당초 편입된 마을 사람들 대부분을 그곳으로 이주시키려 계획했으나 1996년 8월 주택이 완공된 이주자 택지에는 불과 5~6호만 이주하고 나머지는 대부분 외지로 출향했다. 현재 이주자 택지에 거주하고 있는 원주민은 응암마을 출신 박흥식 비아농협 조합장과 공무원으로 퇴직한 한종실 씨 등이다. 박흥식 조합장은 1958년생으로 비아초교와 무양중을 졸업했다. 그의 집은 응암마을 송인섭 과수원 입구에 위치했다. 마을의 맨 안쪽 깊숙한 골목에 자리하고 있었다. 그는 이곳에서 태어나 마을이 첨단단지에 편입돼 이주할 때까지 살았으므로 마을 변천 과정을 누구보다 잘 아는 토박이라 할 수 있다.

　한종실 씨는 응암부락 가운데 위치한 주택에서 거주했는데 이주자 택지에 2층 상가 겸 주택을 지어서 입주해 현재까지 거주하고 있다.

　반면 김명갑 씨는 이주자 택지 70평을 분양받았으나 돈이 부족해 땅을 매각해서 우미아파트를 구입하고, 남은 돈을 자녀 양육하는 데 썼다. 집은 빚지고 지으면 안 된다고 판단했기 때문이다.

　첨단단지에 마을이 편입된 지 25년째 되는데 원주민들은 대체로 "첨단단지가 개발된 것이 잘된 일이었다고 생각한다."라고 긍정적으로 평가했다.

"봉산, 삼소동 일부 주민은 당시 편입에 반대해 그대로 남게 되었는데 10년이 지나자 후회하는 반응을 보였다."라는 것이다.

주민들은 첨단단지가 개발됨으로 해서 삶의 질은 분명 좋아졌다고 말했다.

"첨단단지가 개발되고 광주과기원이 들어온 것은 잘된 일이다. 그렇지 않으면 지금도 힘든 농사일을 계속하고 있을 것이다. 보상금으로 상가와 과수원을 장만해 안정적으로 살고 있다."라고 덧붙였다.

하지만 일부는 "개발되지 않았더라면 지금쯤 토지 가격이 많이 상승했을 것이다."라고 말하기도 했다.

주민들은 보상금을 받아 가격이 저렴한 다른 토지를 구입하고 남는 돈으로 투자를 한 사람은 재산을 지켰으나 그렇지 않고 농촌을 떠나 도시로 나간 사람은 대부분 실패했다고 전했다.

사업 경험이 없는 농촌 사람들이 도시 사람들과 경쟁해서 살아남을 수 없으니 실패할 확률이 높기 마련이라는 것이다. 당시 첨단단지 개발로 거액의 보상금을 받은 주민들 상당수가 광주 시내 충장로 상가를 구입하려고 하여 충장로 상가 가격이 치솟았다는 소문이 나돌기도 했다.

한종실 씨는 이후 보상금으로 주변 하남 주택과 장성 남면 동태마을 과수원을 매입했다. 그리고 현재 소유하고 있는 첨단 3지구 땅을 보상받으면 그 돈으로 또 인근 땅을 구입하려고 한다고 말했다. 현금으로 가지고 있으면 사라져버리므로 땅으로 가지고 있어야 재산을 지킬 수 있다는 게 그의 소신이다. 삼소동 이영자 씨는 보상금을 가지고 수완동 자동차매매상가 정문 앞에 200평을 구입해 가든식당을 짓고 22년간 운영했다. 보상금으로 남편 병원비를 갚고 5남매를 대학교육까지 시켰다.

이에 반해 동네에서 보상받은 사람들 가운데 상당수가 재산을 제대로 관리하지 못해 사업실패로 알코올중독자가 되거나 생을 포기하는 경우가 적지 않았다고 한다. 화병으로 저수지에 빠져 죽기도 하고 심장마비로 죽었다는 사람도 있다.

한 원주민은 당시 14~15억 원의 보상금을 받았으나 형제들이 사업을 시작했다가 IMF 때 실패하면서 보상금을 날려 형제들 사이가 서먹서먹한 관계로 변했다고 안타까운 사정을 말했다.

시골마을에 순식간에 돈이 넘쳐나자 노름판이 벌어지는가 하면 거액을 걸고 학교 운동장에서 페널티킥 시합을 했다는 소문이 있을 정도였다.

고향사랑모임 '애향회'

한편, 비아 일대가 첨단단지로 개발되면서 원주민들이 흩어지게 되자 고향을 잊지 말자는 뜻에서 '비아 애향회'라는 모임을 조직하게 되었다. 애향회는 1992년 9월 고향 발전과 불우이웃돕기를 위해 도촌 출신 강양옥 씨 등이 주축이 되어 결성되었다.

첨단단지로 편입된 25개 마을에서 마을별로 1~3명씩 모두 50명이 참석해 장성 백양사호텔에서 첫 모임을 가졌다.

초대 회장으로 한만석 씨가 추대되고, 부회장은 강양옥 씨 1940년생 가 맡았다. 강 씨는 젊은 시절부터 야산을 개간하는 등 도촌 일대에 상당한 토지를 소유한 재력가로 지금도 지역 발전에 적극 앞장서고 있다. 강 씨는 나중에 5년간 회장을 맡아 활발한 봉사활동을 펼쳤다.

초창기 회원은 43명 1936~1959년생 으로 입회 자격은 비아에서 15년 이상 거주한 자이며 현재 회원 수는 38명이다. 애향회는 비아-장성 간 국도변에 벚나무 꽃길을 조성하고 장학금도 지급하고 있다. 현재 회장은 최형신 씨, 총무는 김희창 씨 미산 출신 가 맡고 있다.

비아의 특산물과 인물

비아의 특산물과 인물

무, 배, 막걸리

비아는 면 단위치고는 이름난 명물이 많은 고장이다. 날짐승 까마귀부터 무와 배 같은 농산물 그리고 막걸리와 옹기와 같은 특산물에 이르기까지 종류가 다양하다. 이는 아무래도 강과 평야가 인접해 있는 풍성한 자연환경과 편리한 교통 여건으로 비롯된 현상이 아닌가 싶다. 게다가 광주라는 대도시에 인접해 있어 비아장이 번창하고 근대문물의 영향이 빠르게 전파된 결과일 것이다.

비아 무는 속살이 단단하고 그 맛과 영양이 풍부해 1960~1970년대 대도시에서 큰 인기를 끌었다.(사진: 자료 사진)

비아는 영산강 변에 자리한 까닭에 황토가 풍부한 지역이다. 오랜 세월 강이 범람하면서 퇴적된 토양이어서 붉은 황토 성분을 띤다.

예로부터 황토는 살아 있는 생명체라 하여 많은 약성을 가진 무병장수의 흙으로 널리 알려져 있다. 황토에서 재배한 농산물은 일반 토양에서 자란 농산물보다 게르마늄 함유량이 높다. 황토에서 길러낸 채소와 과일은 맛이 뛰어나고 몸에도 좋다. 황토 속 게르마늄이 항암, 면역기능 증진, 노화 예방, 해독작용, 혈액정화 기능을 하기 때문이다.

비아의 토질이 황토 땅이다 보니 흙이 찰지기 때문에 비가 오면 길이 질척거려서 걷기가 매우 불편하다. 그래서 "마누라 없이는 살아도 장화 없이는 못 산다."라는 우스갯소리가 지금도 구전되고 있다.

비아에는 황토 땅에서 다양한 농산물이 자라지만 그 가운데 무와 배가 유명하다.

비아 무는 속살이 단단하고 그 맛과 영양이 풍부해 대도시에서 큰 인기를 끌었다. 수요가 많을 때는 비아면 전체에 걸쳐서 재배가 이루어질 정도로 성업을 이루었다. 비아 무가 본격적인 명성을 얻게 된 것은 1960년대 서울 등지에서 채소 수요가 크게 늘면서부터이다. 이때부터 마을마다 나지막한 야산들이 대대적으로 개간되어 무 재배가 비아 전역으로 번져갔다.

김장철이 되면 비아에서 생산되는 무는 큰 인기를 끌었다. 비아면 일대에서 재배된 무는 중간수집상에 의해 송정역에 쌓아두었다가 화물열차에 실려 서울 성동 중앙시장으로 팔려나갔다. 그래서 나중에는 비아 무보다 '송정무'가 유명해졌다. 송정리 무는 비아와 하남에서 재배되는 무를 말한다. 그리고 송정역에 집하되어 서울 용산역에서 출하되어 가락동시장으로 팔려나가기 때문에 '송정무'라고 불렸다 <small>김희창 씨 증언</small>.

비아 무는 가을 초부터 다음 해 4월까지 수확을 하는데, 수확 철이 되면 서울의 상인들이 비아에 직접 내려와 서너 달씩 머물면서 출하를 독려했다. 운송방법은 주로 트럭을 이용하지만 때로는 송정역에서 열차에 실어 서울로 운반하기도 했다. 이 같은 무 재배 열풍은 비아장이 활성화되는 계기가 되었다.

황토에서 자란 비아 무가 유명하다보니 다른 지역에서 생산된 무에다 비아의 황토를 묻혀 비싼 값에 파는 '짝퉁 비아 무'가 판을 쳤다. 또 같은 비아 지역에서 생산된 무라도 황토 색깔에 따라 가격이 달리 매겨져 빛깔이 빨갛고 선명한 황토를 가져다가 묻혀 판매하는 상술이 기승을 부렸다. 무 생산량이 많다 보니 1960~1970년대 비아주민들은 무가 반찬의 재료이자 즐겨먹는 간식거리였다. 밭에서 수확한 무를 과일처럼 깎아먹기도 하고 치아가 약한 노인들은 수저로 긁어서 먹었다.

또 한겨울 쌀이 귀할 때는 무로 싱건지물김치를 담가 고구마와 함께 먹기도 하고, 싱건지를 썰어 무밥이나 죽을 써서 부족한 식량을 보충했다. 무죽은 가마솥에 싱건지를 잘게 썰어 쌀과 보리를 함께 넣고 물을 부어 끓이면 만들어진다.

그러나 과잉생산이 되는 경우 서울 시세가 운송비도 건지기 어려울 만큼 가격이 폭락했기 때문에 송정역 하역장에서 장기간 적체되는 사태가 빚어지기도 했다.

1971년 11월 가을 당시에 무, 배추 등 전국 김장 채소 수요량은 192만 9천 톤으로 추산되었다. 그러나 전국 생산량은 이보다 10만 여 톤이나 많아 시장에서 헐값에 파는 방매사태가 빚어졌다 광산문화원 부설 광산향토문화연구소, 『광주 송정역 100년사』, 2012, 154쪽.

"전남 광산군 송정리, 충남 홍성 등 채소 대량 산지 주변의 철도역에는 대도시로 반출하려다 터무니없는 값 때문에 그대로 묵혀두고 있는 무, 배추 화물이 역 구내에 가득히 쌓인 채 썩어가고 있으며, 화물트럭으로 서울에 무, 배추를 팔러왔던 어떤 지방 채소상인은 송료조차 제대로 받을 수 없는 헐값 때문에 화물을 그대로 버린 채 아예 뺑소니를 쳐버

렸다는 웃지 못할 사태까지 빚어지고 있다."동아일보 1971.11.25., 7면 기사

결국 비아 무는 1980년대 들어서 과잉생산되고 가격 폭락이 겹치면서 재배 열기가 시들해지기 시작했고 1990년대부터는 강원도 고랭지 무가 출하돼 본격적인 사양길에 접어들었다. 게다가 1990년대 이후 첨단단지, 신창지구, 수완지구 등 잇단 대규모 개발사업으로 농지가 사라지면서 무 재배면적이 급속히 줄어들었다.

비아는 비옥한 토질에 일조량이 풍부해 과일 재배에 적합한 땅이다. 그래서 일제강점기에 나주에 이어 비아에도 상당수 일본인들이 들어와 과수원을 조성하였다.

나주에 본격적으로 근대적인 과수재배가 시작된 것은 일본인들의 이주와 때를 같이 한다.

비아 배는 미네랄이 풍부한 황토 땅에서 재배되어 모양이 고르고 껍질이 얇아 과육이 연하고 단맛이 많은 특징을 가지고 있다.(사진: 자료 사진)

광주군 과수재배 상황(1917)

과실의 종류	그루(수)	수확량(kg)
복숭아	5,425	28,609
배	11,862	87,000
감	14,433	122,741
사과	7,083	27,078
포도	1,977	3,971
밤	5,618	13,342

* 출처: 「전라남도 사정지」, 1931

　목포 개항과 함께 일본인들이 대거 몰려왔다. 일본인의 전남 이주과정은 먼저 부산으로 들어와 한국말을 익히는 등 어느 정도 적응하다가 목포로 일단 옮겨 토대를 다진 다음에 내륙의 영산포로 배를 타고 들어왔다. 영산포에 이주한 일본인과 관련된 특징은 개항기의 목포에 들어온 일본인들의 직업과 출신지를 살펴보면 유추할 수 있다. 조선통감부 통계연보에 따르면 1897년 206명에서 1900년 872명, 1904년 1,442명, 1906년에는 2,364명으로 증가한다. 이들의 직업을 1907년 현재 살펴보면, 4,870명 중 상업·교통업 1,518명[31.1%], 공무원·자유업 531명[10.9%], 어업 425명[8.7%], 공업 596명[12.2%], 농업·목축업 388명[8.0%], 단순노동자 1,425명[29%]이다. 목포상공회의소에서 조사한 1907년 본적지 자료에는 총 4,981명 중 야마구치山口현 1,005명, 나가사키長崎현 798명, 후쿠오카福岡현 312명으로 3개 현이 2,115명으로 42%를 차지하고 있다「나주시지」1권, 2006, 516쪽.

　기후현 출신의 마부치게지로馬淵銀治郎가 영산포에 들어와 금천면 광탄廣灘에서 땅을 사들여 직접 농사를 짓기 시작하였다. 그는 조선인 복장을 하고 농사일을 하였다고 한다「나주시지」1권, 2006, 341쪽.

첨단단지가 들어서기 전 비아에 존재했던 배 과수원(사진: LH공사 광주전남본부 제공)

일본인이 비아 쌍암 雙巖에 들어와 과수원을 조성한 시기는 1910~1920년 무렵이다. 『광산군지』 1981. 182~185쪽에 따르면 1920년을 전후해서 비아면 쌍암리에 마부치 馬淵가 현재 김정문 씨 소유의 중앙농원에 배와 감나무 과수원을 조성하였다. 이후 일본인들이 속속 들어와 중앙농원을 중심으로 야산과 황무지를 개간하여 과수원을 넓혀갔다. 나다오카 灘岡, 와카보시 赤星, 요네무라 米村, 와카모도 若本 등 과수농원이 있었다. 과수원은 배와 사과, 감, 복숭아 등 여러 종류 과일을 재배하였지만 특히 감과 배나무가 많았다.

이 무렵 서울 뚝섬에 과수시험장이 설치되고 배, 사과, 포도, 복숭아 등 여러 과수 품종이 도입되었다. 이때 배 품종으로는 만삼길, 장십랑, 금촌추, 이십세기, 조생적 등이고, 사과는 축, 홍옥, 국광 등이다. 복숭아는 상해수밀도, 사루애 등이며, 포도는 캰베리, 어리 등이 과종 果種의 시작이었다 『나주시지』 2권, 2006, 418쪽.

일제는 1922년부터 산지에 과수조합을 조직케 하고 해충 방제에 힘써 생산량이 크게 증가했다. 광주군의 1931년과 1932년의 과실수 생산량을 보면 배의 생산량이 3배 이상 급증한 것을 알 수 있다.

광주군 과실수 생산량(1931~1932년)

연도	배	사과	포도
1931	36톤	18.7톤	19.5톤
1932	124.7톤	19.9톤	48.5톤

배의 품종은 만삼길晩三吉, 명월明月, 금촌추今村秋, 양이洋梨 등을 심었고, 사과는 홍옥紅玉, 국광國光, 왜금倭錦, 축祝, 유왕욱柳王旭, 봉황란鳳凰卵, 백룡白龍 등 품종을 재배했다.

일본인들이 운영해온 과수원은 광복 후 한때 신한공사新韓公社에서 관리해오다 1948년 당시 경작자에게 분배되었다.

광복 이후에도 비아에는 배 과수원 면적이 지속적으로 늘어났다. 비아와 장성 남면의 경계 지역을 비롯해 동원촌과 첨단 지역인 쌍암, 미산 일대에 배 과수원이 많았다. 과수원에 심을 묘목은 대부분 김정문 씨가 재배한 것들이다. 1978년 당시 비아에서 생산된 과수묘목은 사과 3만 3,000본本, 배 7,000본, 감 2만 6,000본이었다.

1981년 7월 기준 광산 지역 배 생산량은 231톤, 복숭아 61톤, 사과 19톤인데 배는 비아에서 133.2톤으로 가장 많이 생산되었다.

비아 배는 미네랄이 풍부한 황토 땅에서 재배되어 모양이 고르고 껍질이 얇아 과육이 연하고 단맛이 많은 특징을 가지고 있다. 과수원은 1990년대 초까지 원형 그대로 남아 있으나 첨단단지 개발지구로 편입되면서 대부분 사라졌다. 현재 지스트GIST 인근에 남아 있는 중앙과수원 일부가 옛 흔적을 말해주고 있다. 지금은 동원촌 인근과 첨단 일부 그리고 장성 남면에 소규모의 과수원이 남아 있으나 이마저도 첨단 3지구 개발로 조만간 사라질 전망이다.

김정문 씨(1939년생, 중앙농원 주인)

중앙농원 대표 김정문 씨. 중앙농원은 일제강점기 일본인이 조성한 과수원이다.

지스트 옆 중앙농원 자투리 밭이 옛 마을의 흔적을 말해준다.(사진: 저자)

　중앙농원의 주인 김정문 회장은 비아 원예농업의 대부라 할 수 있다. 그는 현재도 쌍암동 588-1 중앙농원 과수원 안에 살고 있다. 그는 영산포초등학교, 조대부중·고를 거쳐 전남대 농대 농학과를 졸업했다. 동생 김광수^{작고} 씨도 전남대 농대 교수로 재직하다 정년퇴직했다.

　농대 2학년 스물한 살 무렵 중앙농원을 인수했는데, '중앙농원'이라는 이름은 일본인이 붙인 것이라고 한다. 인수 당시 과수원에는 배나무와 감나무가 대부분이었으며, 당시 건물은 일본식 건물로 살림집과 창고로 사용하고 있었고 지붕은 양철지붕이었다고 한다.

　나중에는 인부들도 이곳을 숙소로 함께 사용하였다. 지금은 별도의 살림집을 지어 생활하고 있으나 일제강점기의 옛 건물은 거의 원형 그대로 남아 있다. 김 회장은 "초창기에 일본인이 중앙과수원을 찾아온 적이 있다."라고 말했다.

　김 회장은 대학 전공을 살려 과수 재배뿐만 아니라 묘목 재배에 뛰어들어 성공의 발판을 마련했다. 중국에서 과수 씨앗을 가져와 과수 묘목으로 키워 전남 지역 일대는 물론이고 전국에 판매했다. 그리고 묘목을 팔아서 번 돈으로 계속해서 과수원을 넓혀 5만 평까지 확장해나갔다.

김 회장은 전남대에서 직접 과수원예 과목을 가르치기도 하였다. 또한 전남대 농대생들이 이곳에서 실습을 하였다.

묘목 재배 사업이 활기를 띠면서 인부가 많을 때는 100명도 넘었다고 한다. 과수원은 가을 수확 철이 되면 비아 일대 마을 주민 10여 명이 과일을 받아서 광주 양동시장 등에 내다 팔았다. 그리고 그 과일은 트럭에 실려 서울 가락동 도매시장으로 팔려나갔다. 삼소동 신점마을과 담양 한재 옹기공장에서는 항아리를 주고 과일을 받아갔다.

김 회장은 "첨단단지 개발로 땅값이 많이 올라 혜택을 보았다."라며 "지금 남아 있는 땅도 상당한 시세를 보이고 있다."라고 말했다.

비아 막걸리

막걸리는 우리나라에서 가장 역사가 오래된 술 가운데 하나이다. 삼국사기에도 막걸리에 대한 기록이 있고, 고려 때에는 막걸리용 누룩을 배꽃이 필 때에 만든다고 하여 '이화주梨花酒'라고도 불렀다.

막걸리는 전통주로 농촌문화의 산물이다. 막걸리는 1970년대까지만 하더라도 전체 술 소비량의 70%가 넘을 정도로 우리나라를 대표하는 술이었다. 과거 농촌 지역이 많았던 광산구는 막걸리의 고장이라 할 만큼 인연이 깊다. 1980년대 당시까지 비아주조장을 비롯하여 하남주조장, 서창주조장, 대촌주조장, 향촌주조장, 송정 서부주조장 등 면 단위에 한 개씩 막걸리 주조장이 운영되고 있었다.

그러나 2000년에 지역 제한이 사라지면서 경쟁력을 잃은 주조장들이 문을 닫고, 새로 개업한 업체들이 생겨나면서 현재는 비아주조장 '비아막걸리', 송정동 금천주조장 '송정금천쌀막걸리', 본량동 ㈜우리술 '울금막걸리', 하남주조장 '하남생막걸리' 등 광산구를 대표하는 4종의 막걸리가 시판되고 있다.

비아동 89-33번지 비아탁주 공장 전경(사진: 비아탁주 제공)

비아탁주가 생산한 비아 쌀막걸리 제품(사진: 비아탁주 제공)

1981년 당시 광산군 주조장 현황(자료: 『광산군지』, 1981)

사업체명	대표자	주소
비아주조장	김병관(현재 심상철)	비아면 비아리
광산하남주조장	최상준	하남면 흑석리
서창주조장	박수만	서창면 벽진리
대촌주조장	박용근	대촌면 지석리
향촌주조장	노경임	대촌면 향촌리
서부주조장	정인해	송정읍 영동

비아 막걸리는 1960년대 초 광산구 비아동 89-34번지 비아로 5-20 에서 소규모 막걸리 제조장으로부터 시작되었다. 초창기 비아주조장 대표는 김병관 金炳權 씨였다. 이후 구귀동 씨 여성 가 운영하다가 1995년 심상철 씨가 이를 인수해 현재까지 지속해오고 있다. 원래 주조장 위치는 현 GM마트 자리에 있었으나 2008년 설비 확장을 위해 기존 부지 일부를 매각하고 바로 옆 비아동 89-33번지로 이전하였다.

막걸리는 지역에 따라, 재료에 따라, 그리고 빚는 사람의 손맛과 정성에 따라 맛의 차이가 난다. 좋은 막걸리는 5향과 사과 맛처럼 달콤하면서도 시원한 맛이 나야 한다.

심 대표는 옛 비아 막걸리의 맛에 자신의 노하우를 가미해 오늘날 소비자들의 입맛에 맞춘 막걸리를 탄생시켰다. 비아 막걸리는 달콤하면서도 사이다처럼 톡 쏘는 맛이 특징이다. 일부 주조장은 톡 쏘는 맛을 내기 위해 탄산을 넣기도 하지만 비아 막걸리는 술밥을 만들고 입국을 띄우고 발효 온도와 적절한 숙성시간을 연구해 비법을 찾아냈다. 맛이 깔끔하고 부드러워서인지 여성과 젊은 소비자 층에서 인기가 높다. 그래서 다른 업체들이 비아 막걸리의 맛을 연구해 적용하는 사례도 있었다.

막걸리는 일반 약주와 청주처럼 발효주이다. 막걸리는 흔들면 거품이 발생해 쉽게 넘치는 반면 일반 약주와 청주는 그렇지 않다. 막걸리 속에는 미생물인 '효모'가 살아 있기 때문이다. 바로 이를 두고 생막걸리라 한다. 비아 막걸리는 효모가 살아 숨 쉬는 쌀로 만든 생막걸리만을 고수하고 있다. 효모는 빵, 맥주, 포도주 등을 만드는 데 사용되는 미생물로서 맛을 결정하는 중요한 요인이다. 생막걸리는 효모를 통해 10여종의 필수아미노산과 유산균이 풍부해 건강에도 이롭다. 유통기한이 불과 10여 일 정도로 짧은 단점도 있지만 그만큼 막걸리가 신선하고 청량하다는 방증이다.

비아주조장은 2010년대 막걸리 소비 열풍이 불자 수요가 늘면서 한때 20명의 직원이 근무하기도 했으나 2014년 자동화 설립 도입으로 현재는 7명이 일하고 있다. 2013년에는 지역민과 함께 할 수 있는 지역 대표축제로 발굴 육성하고자 쌍암공원 일대에서 비아 막걸리를 주제로 축제가 열리기도 했다.

비아 막걸리는 주로 마트와 식당을 중심으로 판매되고 있으며, 광주를 비롯하여 순천, 담양, 장성, 화순, 나주 등까지 유통되고 있다.

과거에는 막걸리를 플라스틱 통1ℓ에 담아 자전거에 싣고 마을마다 배달을 하였다. 한꺼번에 수십 개의 통을 싣고 시골길을 다니는 일은 여간 고역이 아니었다. 비포장 자갈길이라 흙먼지가 날리고 가파른 언덕이 많아 고된 노동이었다.

40년 넘게 비아 막걸리 배달 일을 하고 있는 손일현 씨^{1948년생}는 "20대 중반에는 반촌, 봉산, 신창동은 물론 광주와 인접한 산동교까지 12~14개의 통을 싣고 배달을 다녔다."라고 말했다.

마지막 옹기마을 '신점'

옹기촌 신점마을

신흥마을 이영자 씨 소유 옹기가마 전경(사진: 광주시립민속박물관 제공)

신흥마을 옹기점 현황

첨단단지로 편입된 북구 삼소동 신흥마을은 광주의 마지막 남은 옹기촌이었다. 예전에 옹기촌을 점店이라 불렀다. 신흥마을은 과거에 '신점新店' 또는 '새점'으로 불렸다.

신흥마을은 은혜학교 인근의 야트막한 구릉에 자리 잡고 있었다. 옹기공장은 삼소동에서 대촌 가는 도로변에 자리했다. 지금으로 보면 광주과학고를 지나서 4거리 현대자동차 정비공장 인근에 해당된다. 1984년에 주민들의 요청에 따라 마을의 이름을 '신흥新興'으로 개칭했다. 이마을은 전통적으로 옹기를 생업수단으로 삼고 살아온 옹기마을이다. 옹기공장에서 옹기 제조에 종사하거나 생산된 옹기를 싣고 행상을 하는 등 주민들 대부분이 옹기업으로 생계를 유지해왔다.

이 마을은 언제 생겼으며, 언제부터 옹기를 굽기 시작했을까. 1789년 『호구총수』에는 '신점'이라는 명칭이 보이지 않으나 1912년의 『지방행정구역 명칭일람』에는 '신점'이라는 명칭이 나온다.

'신점新店'이란 명칭의 뜻이 새로 생긴 점店이라는 점에서 기존의 위치에서 새로운 곳에 터를 잡았음을 알 수 있다. 따라서 신점마을이 옮겨온 시점은 1789년에서 1912년 사이로 추정해볼 수 있다.

광주에서 옹기를 제작해온 곳은 신흥마을 외에도 남구 효덕동 원제마을잿등, 서구 농성동 옛 서구청 자리, 광산구 평동 지로촌 등이 있었다. 이 가운데 신흥부락은 가장 규모가 크고 번성한 마을로 마지막까지 남은 유일한 옹기마을이었다 광주시립민속박물관, 『광주 삼소동 신흥마을 옹기』, 1992 참조.

신점마을 전체가 옹기공장인 옹기촌이었다. 옹기쟁이는 예로부터 점놈상놈이라며 천대시해왔다. 그래서 외부인과 단절돼 마을 사람끼리 결혼하며 가정을 이루는 풍습이 이어져왔다고 한다. 마을 주민 역시 이를 의식해 신점에 산다고 말하지 않고 오룡마을에 산다고 말했다고 한다.

신점마을은 6·25 전쟁 이후 1950년대에서 1960년대까지 옹기산업이 호황일 때는 80여 가구에 달했다. 그리고 옹기굴이 5개가 있었으며, 남의 굴을 빌려서 옹기를 굽는 공장까지 합하면 9~10개의 옹기공장이 있었다. 남자들은 옹기굴에서 일을 하고 여자들은 제품을 팔러 다녔다.

이에 따라 온 마을은 공장주인, 기술자, 뒷일꾼, 옹기상인, 술집, 가게 그리고 자본을 가지고 고리대금업을 하는 사람 등 옹기와 관련된 사람들로 북적댔으며, 이웃마을인 잿몰^{잿말} 등에서 품을 팔러 오는 사람과 객지의 기술자들이 몰려들었다.

한겨울에는 따뜻한 옹기굴 옆에서 잠을 자려는 거지들도 많이 찾아왔다고 한다.

이처럼 한때 부촌으로 일컬어졌던 신흥마을은 옹기산업의 쇠퇴로 옹기업에 매달리는 숫자가 줄어들고 농사를 짓거나 광주 시내에 직장을 두고 출퇴근하는 가구가 늘어났다.

1992년 첨단단지로 편입되기 전까지 옹기점은 3곳으로 줄었으며 약 60여 가구가 살았다.

광주시립민속박물관은 1992년 첨단단지로 편입이 예정된 신흥마을 옹기점을 조사해『광주 삼소동 신흥마을 옹기』¹⁹⁹³ 보고서를 발간했다.

당시 남아 있던 옹기점은 이영자, 정갑룡, 김천옥 씨 소유 3곳의 공장 3개와 가마 4개가 있었다.

이영자 씨와 정갑룡 씨는 큰 가마굴 1기, 김천옥 씨는 크고 작은 굴 2기를 가지고 있었다. 이 중 이영자 씨만 계속하여 작업을 하고 있었으며, 정갑룡 씨는 주문에 의해 일거리가 있을 때만 작업을 하고, 김천옥 씨의 큰 굴은 4~5년 전부터 사용하지 않고 도예를 전공하는 학생들을 위해 작은 굴만을 운영하고 있었다. 1990년대 초 신점리 옹기공장 옆에는 벽돌공장이 있었다.

옹기산업이 발달할 수 있는 입지조건

옹기산업이 발달할 수 있으려면 5가지 입지조건이 갖춰져야 한다.

첫째, 육상 및 해상교통의 요지일 것. 둘째, 농경산업의 중심지일 것.

셋째, 양질의 원료가 풍부할 것. 넷째, 연료조달이 용이할 것. 다섯째, 기후가 적당할 것.

신흥마을은 위 5가지 조건을 대체로 갖추고 있었다. 먼저 교통 면에서 보면 광주, 비아, 장성, 담양으로 통하는 사통팔달의 위치를 점하고 있다. 광산구 비아로부터 3km, 광주 시내 중심부에서 직선거리로 11km 거리에 있다. 또한 판로 면에서는 비아5일장이 서고, 호남 최대 시장인 광주 양동시장이 근거리에 있어 유리한 입지를 가졌다. 옹기는 우마차에 싣고 광주 시내와 비아장에 팔았다. 인근 동네의 경우에는 옹기를 지게나 머리에 이고 팔러 다니는 옹기장수를 종종 보았다. 그 당시는 농촌에 돈이 귀했기 때문에 대부분 물물교환 형태로 거래가 이뤄졌다. 옹기를 팔고 쌀과 보리 등 곡물로 값을 받았다. 그 후에는 리어카와 용달차를 이용해 판매처로 운반했다.

옹기가마 옆으로 땔감이 쌓여 있다.(사진: 광주시립민속박물관 제공)

그뿐만 아니라 삼소동 일대는 영산강 주변의 넓은 들이 많아 일찍부터 마을이 형성되고 사람들이 많이 살았기 때문에 그만큼 수요도 많았다. 옹기를 만드는 일은 흙일이라 비나 안개가 많은 곳은 적당하지 않은데 삼소동 일대는 이와 무관한 곳이기도 하다.

이곳이 무엇보다도 집단적인 옹기마을을 형성하게 된 결정적 요인은 원료가 풍부하다는 점이다. 삼소동 일대에는 점력이 좋은 양질의 질흙이 많은 곳이다. 또한 옹기공장 주변 내촌마을 등에 진흙 광산이 많았다. 진흙 광산은 대부분 인부들이 곡괭이나 삽을 이용해 채취했다. 그래서 마치 우물을 파듯이 수직으로 깊숙이 파고들어가 소쿠리를 이용해 흙을 퍼 날랐다. 응암, 장구촌, 물개방죽, 오룡마을 일대에 진흙 광산이 많았다. 진흙점토은 강진 칠량까지 팔려나갔다. 진흙을 파다가 남의 선산 밑까지 파고들어가 붕괴되는 경우도 있었다.

이처럼 좋은 입지 조건을 갖춘 신흥마을이었지만 연료문제만큼은 주위에 큰 산이 없어 외부로부터 조달해야 하는 어려움이 있었다.

이영자 씨 소유 옹기점은 대포굴 1기, 굴집 1동, 독막 2동, 헛독막 1동이 있었다. 가마는 대포굴로 외부 길이가 29m이고 굴 내부 바닥은 길이 24.6m, 너비 2.2m로 면적은 약 50m²이었다. 굴 내부는 내화 벽돌로 축조되었으며, 높이는 1.7m 내외인데 불통 부분과 굴뚝 부분은 중앙에 비해 더 낮았다. 이 가마는 2m 높이의 경사를 이용하여 만들었고 경사각은 약 14도였다. 주위의 지형으로 보아 자연스런 경사면이 아니고 가마를 축조하기 위해 인공적으로 경사면을 조성한 듯했다. 가마는 불이 잘 들도록 불통을 가마바닥보다 70cm 낮게 만들어 수직으로 턱이 져 있었으며, 가마 바닥은 굴뚝 전방 2m에서는 수평을 이루었다. 이것은 불이 너무 세게 나가는 것을 방지하기 위함이었다. 가마등에는 창구멍이 있는데 좌측에는 53개, 우측은 48개가 있었으며 창 덮개는 타원형으로 크기는 36~40cm, 창구멍의 간격은 46~50cm이었다. 가마등에는

5~10cm 정도의 흙을 덮어 불길이 새는 것을 방지하였고, 가마등을 비나 이슬 등으로부터 보호하기 위하여 가마집(옹름)을 만들었는데 그 크기는 길이 17m, 너비 4.5m, 높이 1.6m이며 함석지붕이었다.

가마등의 주변에는 키가 큰 아카시나무나 플라타너스를 심어서 여름철의 햇볕을 막는 기능을 하도록 했다.

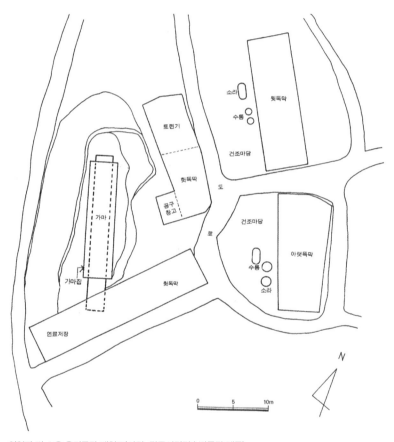

이영자 씨 소유 옹기공장 배치도(사진: 광주시립민속박물관 제공)

이영자 씨 소유 옹기공장 창고 마당(사진: 광주시립 민속박물관 제공)

이영자 씨 소유 옹기공장 창고(사진: 광주시립민속 박물관 제공)

이영자 씨 인터뷰

앞서 기술하였듯이 1992년 첨단단지로 편입되기 전까지 삼소동 신흥마을에는 옹기공장 3곳이 있었다. 당시 남아 있던 옹기점은 이영자, 정갑룡, 김천옥 씨 소유 3곳의 공장 3개와 가마 4개가 있었다.

신흥마을 마지막 옹기공장 주인이었던 이영자 씨는 지금도 첨단단지 호반아파트에 살고 있다. 그러나 정갑룡, 김천옥 씨 등 나머지 두 사람은 외지로 나가서 소식을 알 수 없다.

어렵사리 이영자 씨와 연락이 닿아 자택에서 인터뷰를 가졌다.

이영자 씨는 1944년생으로 원래 이름은 '이금숙'이었다.

영광에서 초등학교 졸업 후 송정리 솔머리에서 살다가 송정여중을 중퇴한 후 나주 노안에서 의상 디자인 기술을 배워서 양장점 의상실 을 운영했다. 21세에 사촌 친척의 중매로 신흥마을 박 씨에게로 시집왔다. 이 씨는 "삼소동을 광주 산수동으로 알고 시집왔다. 충주 박씨 양반 집안인 줄 알았으나 나중에 알고 보니 삼소동 점촌이어서 부친이 중매쟁이에게 몹시 화를 냈다."라고 회상했다.

시집와서 보니 주암초등학교 앞에 찰흙이 쌓여 있었다. 그리고 새벽에 떡메 치는 소리가 들렸다. 명절도 아닌데 떡치는 소리가 들려 이상했다. 그래서 시어머니에게 "어느 집에서 떡치는 소리가 난다."라고 하자 시어머니는 빙그레 웃으시며 그 집에 가서 떡 좀 얻어 오라고 말했다. 알고 보니 진흙 반죽을 만드느라 흙을 치는 소리였다.

남편은 처음에는 농사를 지었으나 나중에 가마굴을 인수해 옹기를 만들기 시작했다.

가마를 인수하게 된 계기는 원래 주인인 김 씨에게 돈을 빌려주었는데 빚 상환 조건으로 이를 인수한 것이었다.

남편은 가마굴을 인수하자 적벽돌로 개조하는 등 새로운 시도를 하다가 몇 차례 실패하기도 했다. 그렇게 거의 10년가량 가마굴을 운영할 무렵 남편은 49세에 갑자기 뇌졸중으로 쓰러졌다. 그리고 중환자실에서 1년간 고생하다가 결국 세상을 뜨고 말았다. 당시 이 씨의 나이는 42세였다.

남편이 죽자 이 씨는 5남매 자녀를 부양하기 위해서 옹기일을 하지 않을 수 없었다.

남편과 함께 일했던 기술자 3~5명, 뒷일꾼 2명, 날일 10여 명을 거느리며 운영했다. 옹기공장은 자금력이 있어야 운영할 수 있을 뿐 아니라 고된 노동이 따르는 일이어서 오로지 옹기 일에만 전념했다. "징한 놈의 일, 상놈의 일이었어.", "자식들은 지금도 그곳_{신점}에서 살았다고 말도 하지 않는다."라고 힘든 옹기일을 말했다.

생산된 옹기는 동네 주민들이 용달차에 싣고 광주로 가서 한곳에 놓아두고 리어카에 싣고 다니며 판매했다. 과거에는 소달구지에 싣고 다니며 판매했다고 한다.

질흙은 비아 관내에서 조달하기도 하고 멀리 경남 삼천포에서도 가져왔다.

땔감은 산판에서 구해오거나 삼양타이어_{현 금호타이어} 공장에서 나오는 타이어 운반상자를 가져와 전기톱으로 절단해 사용했다. 옹기굴에서 온도를 높이기 위해서는 3~4일 밤낮으로 불을 때야 하는데 용달차 4차 분량의 땔감이 들어갔다. 땔감도 종류가 다양하다. 창불 땔 때 쓰는 장작이 별도로 있다.

유약은 광명단, 만강을 사용했다. 이 유약을 사용하면 윤기가 나고 잿물이 두껍게 형성된다. 저울로 측정해서 정확한 분량을 사용하니까 실패가 없었다.

신흥마을은 저수지가 있어 물이 풍부했다. 흙 칠 때나 잿물 거를 때 물이 많이 사용된다. 은혜학교 옆에 방죽이 있었다. 가마굴도 방죽 옆에 있었다. 지금도 은혜학교 앞 이 씨 옛 살림집터에는 측백나무가 그대로 남아 있다. 원래 은혜학교 자리는 조평현 씨^{작고} 소유 과수원이 있었다. 배와 감나무가 많아서 까마귀가 많이 살고 있었다.

이 씨는 삼소동 12개 마을 부녀회장을 맡았다. 새마을사업 1기 초창기에는 경기도 수원으로 교육을 받으러 다니기도 했다. "허리에 치마만 둘렀제 남자라고들 했다."라고 억척스럽게 살아온 지난 시절을 회상했다.

첨단단지 개발로 옹기공장이 헐리게 되자 토지공사 측은 처음엔 가마굴에 대한 보상을 낮게 제시했다. 그러나 이 씨 등 소유주들이 이를 거절하고 줄기찬 노력 끝에 나중에 토지공사로부터 1억 7천만 원을 보상받기로 합의했다. "1,700만 원을 제시하기에 직접 한국토지개발공사^{현재LH} 본사에 찾아가 강력히 항의해서 10배를 받아냈다."라고 말했다. 이 돈을 가지고 수완동 자동차매매상가 정문 앞에 200평을 구입해 수완가든 식당을 짓고 22년간 장사했다. 그리고 나머지 보상금으로 남편 병원비를 갚고 5남매를 대학교육까지 시켰다.

이 씨는 옹기굴에서 사용하던 물레, 수레, 부삽, 당글개 등의 도구를 광주시립민속박물관에 기증했다.

비아의 고대 유적

비아 땅에는 언제부터 사람들이 들어와 살게 되었을까. 영산강 범람지에 자리한 비아는 물과 흙과 햇볕이 풍부한 땅이어서 일찍이 선사시대부터 사람이 들어와 살았다. 1993년 광주첨단과학산업단지 조성 지역 문화유적 발굴조사 때 광산구 산월동 들판에서 후기 구석기시대 석기들이 발견되었다. 이 당시 출토된 유물은 격지, 찍개, 몸돌조각 등 뗀

쌍암고분 석실 내부(사진: 광주시립민속박물관 제공)

석기 11점이었다.

영산강 유역의 선사문화는 청동기시대에 들어와서야 본격적인 문화 형성 단계에 접어든다. 그래서 어느 시기보다도 이 시대의 유적이 가장 많이 조사되었다. 비아 곳곳에도 선사시대 유적이 산재해 있어 선사문화의 생생한 숨결을 느낄 수 있다. 비아 땅에 새겨진 사람들의 발자취를 살펴본다.

오룡동 유적 토기(사진: 광주시립민속   오룡동 주거지 유물(사진: 광주시립민속박물관 제공)
박물관 제공)

산월동 봉산마을 뚝뫼 유적

비아에서 대표적인 선사시대 유적은 산월동 봉산마을 뚝뫼 유적이다. 이 유적은 봉산마을 북쪽에 있는 해발 42m의 작은 언덕 비탈에 자리하고 있다. 논으로 둘러싸여 마치 섬처럼 보이며 남쪽 비탈에는 감나무가 여러 그루 심어져 있었다. 서쪽에는 대나무 밭이 있었고, 북쪽은 언덕 위로 이어지는 비탈이고, 동쪽은 낭떠러지였다고 한다.

조선대학교박물관에 의해 발굴 조사된 뚝뫼 유적은 움집에 살던 청동기인 등의 생활을 보여주고 있다. 이 유적에서는 청동기시대 주거지와 점토대토기편 등과 함께 새 조각품, 볍씨 등이 출토되었다. 그리고 통일신라시대의 석곽묘도 조사되었는데 규모는 길이 320cm 이상, 너비 230cm, 깊이 55cm이며 내부에는 인화문 병 1점이 발굴되었다.

이 밖에도 조선시대의 무덤과 기단과 적심석, 구멍, 도랑 등이 확인되었으며 분청과 백자 조각이 소량 출토되었다. 한 곳에서 여러 시대 문화층이 발견된 것이 특징이다 한국지역진흥재단 지역정보포털(www.oneclick.or.kr) 참조.

산월동 유적 격지(사진: 광주시립민속박물관 제공)

산월동 유적 찍개(사진: 광주시립민속박물관 제공)

'영산강 문화의 표본실' 신창동 유적지

비아에서 광주방향으로 차로 10분 거리에 있는 광주보건대 입구에 위치한 신창동 유적은 영산강 문화의 표본실이다.

이 유적은 1962년 서울대 고고학 팀이 53기의 옹관 독무덤을 발굴 조사하면서 처음 세상에 알려졌다. 그로부터 30년 후 1992년 5월 국도 1호선 광주-장성 직선화 공사 과정에서 신창동 유적의 비밀이 풀리기 시작했다. 30년 전 옹관이 출토된 곳에서 150m 정도 떨어진 습지에서 볍씨와 토기편들이 발견되었다. 국내 최초의 선사시대 저습지 유적이었다. 신창동 저습지는 원래 영산강 변에 형성된 늪과 못으로 둘러싸인 습지로, 당시 사람들이 사용하던 도구나 물건들이 버려지거나 영산강이 범람하면서 이곳에 떠 내려와 메워진 것이다.

신창동 토기가마 전경(사진: 광주시립민속박물관 제공)

신창동 유적에서는 벼, 조, 밀 등의 다양한 재배작물과 155cm 두께의 벼 껍질 압착층, 벼를 재배한 밭과 논이 확인되었다. 또한 무기, 농기구, 공구, 제의구, 방직구, 악기, 수레부속구 및 기타 생활용품 등 870여 점의 목기도 출토되었다. 이 중 목제 현악기와 베틀 부속구인 바디, 수레바퀴는 신창동 유적의 '빅3'로 불린다. 목제악기는 우리나라 현악기 가운데 최고最古의 것이다.

신창동 유적은 당시 생활문화상의 복원에 귀중한 자료를 제공하였으며 선사시대 최대의 농경복합 유적으로 평가받고 있다.

학술적·문화적 가치의 중요성이 인정되어 1992년 572번지 일대 38,436m^2 면적이 사적지 375호로 지정되었다.

한일 교류의 징표, 월계동 장고분

광산구 월계동 아파트단지 주변에는 장고 모양의 고분 2기가 남아 있다. 지스트와 남부대 중간 대로변에 위치해 있으며, 신창동 유적지에서 불과 2km 안팎에 있다. 하늘에서 내려다보면 하나의 삼각형과 둥근 원이 서로 맞닿아 있는 모양이다.

첨단단지 개발 전에는 논 한가운데 장고분이 있었는데 돌보지 않아 황폐한 모습으로 있었다 이갑만 씨 증언.

마을 사람들은 이곳을 '큰 메똥거리'라 불렀다. 그리고 동네 아이들이 뛰노는 놀이터였다.

도굴을 당한 채 방치되어 있어 주민들은 돌방을 드나들 수 있었다. 그래서 여름이면 이곳에 새참거리를 넣어두었다가 먹기도 했다. 석굴이라 서늘했기 때문에 더위에 음식물을 보관하기에 안성맞춤이었다 김명갑 씨 증언.

월계동 장고분이 확인된 것은 1993년과 1995년 전남대 박물관의 조사 발굴에 의해서이다. 1호분은 전체 길이 45m, 봉분 지름은 26m나 되

월계동 장고분 항공사진(사진: 광주시립민속박물관 제공)

는 광주 최대 크기의 고분이고, 2호분은 1호분에 비해 4분의 3 정도 크기이나 기본 구조는 같다. 고분 주변은 1~2m 깊이의 방패형 도랑이 감싸고 있고, 봉분의 아랫부분에서는 일본에서 '하니와'라 부르는 원통형 토기가 출토되었다. 일본에서는 원통 모양의 토기를 비롯하여 인물이나 동물 모양의 토기를 봉분이나 도랑에 배치하는데, 이것을 '하니와'라 부른다. 하니와는 묘의 영역을 구분하고 악령을 막으며 피장자의 권위를 나타내는 종교적 역할과 관련이 깊다. 월계동 장고분에서 출토된 원통형 토기도 제사와 관련된 유물로 추정된다. 명화동 장고분과 달리 굴식돌방이 확인되었는데, 벽은 깬 돌을 이용하여 벽돌처럼 쌓았다. 일제강점기에 도굴되었지만 금귀고리, 철제화살촉, 토기 조각 등이 남아 있다. 일본 열도에도 이와 유사한 고분이 발견되어 '전방후원형분前方後圓形

墳'이라 불린다. 영산강 유역의 전방후원분은 대체로 6세기를 전후하여 조성된 것으로 보인다.

우리나라 학계에서는 광주를 포함한 영산강 유역에서 전방후원형분과 유사한 장고분과 원통형 토기가 출현한 것은 어떤 형태로든 큐슈 지역의 왜倭와 빈번히 교류했음을 보여주는 것이라고 설명한다.

장고분은 첨단산업단지 개발과정에서 사라질 뻔했으나 원주민들의 강력한 보존 주장으로 살아날 수 있었다.

월계동 1호분 석실 전경(사진: 광주시립민속박물관 제공)

월계동 1호분 원통형 토기(사진: 광주시립민속박물관 제공)

한편, 이와는 별도로 광주-장성 간 도로 확장 공사 당시 유적 발굴 조사에서 5세기에 만든 것으로 추정되는 삼국시대 토기 가마 4기와 주거지 4곳이 발굴되었다. 가마와 인접한 주거지 중 하나는 공방터로 추정되는데, 주거지에서는 대형 토기와 시루, 고배高杯 등이 출토되었다.

비아의 역사인물

　비아는 유서 깊은 고장답게 걸출한 인물들이 많이 배출되었다. 조선시대 선비와 유학자, 고관대작, 의병장군에 이르기까지 역사적으로 추앙받는 여러 인물에 대한 이야기가 전해온다. 그리고 이들의 문헌기록과 비문이 남아서 후대의 귀감이 되고 있다. 문헌을 바탕으로 비아 출신 인물들을 살펴본다.

칠졸재 박창우

　칠졸재 박창우七拙齊 朴昌禹, 1598~1643 는 조선시대 애국적인 선비로 비아 도촌 출신이다. 본관은 순천이고 비아 출신의 대표적인 선비 안촌 박광후의 조부이다.

　박운정과 완산 이씨 사이에서 태어난 그는 어려서부터 효심과 우애가 돈독했고 청렴하고 검소한 몸가짐을 하였다. 뿐만 아니라 학문이 뛰어나 백가百家의 시서詩書를 한 번만 보면 모두 외웠다. 사람들을 사랑하고 언행을 예의에 맞게 하여 마을 사람들의 칭찬이 자자했다. 1624년 조선 인조 2년 사마시司馬試에 합격해 성균관에 들어가 영재들과 사귀었는데, 그중에도 동갑내기 이흥발과 진사에 나란히 합격해 친한 벗이 되었다.

　1636년 병자호란 때 청나라가 우리나라를 침략하여 인조가 남한산성으로 피신하자 이듬해 1월 11일 나라를 위해 목숨을 바칠 것을 각오하고 5백여 명의 의병을 모아 출정하였다. 전주를 거쳐 1월 19일 여산에 도착해 이흥발, 이기발 형제의 의병과 합세했다. 1월 25일 전국의 의병이 여산에서 집결해 진사 조수성 화순도유사 을 추대하고 청군을 물리쳐 위기에 처한 임금을 구할 것을 결의했다.

　그러나 청주에 이르러 임금이 청나라에 항복했다는 소식을 듣고 북쪽을 향해 통곡하고 돌아와 산골에 은둔했다. 그 후 분통한 마음에 서쪽 ^{청나라쪽}을 향해 앉지도 않았으며, 청나라 물건을 일절 사용하지 않았다. 스스로를 어리석고 쓸모없다고 자처하며 명리^{名利}를 버리고 초야에 묻혀 일생을 마쳤다. 약간의 저술을 남겼는데 화재로 말미암아 모두 소실 되었다^{순천 박씨 종중. 칠졸재행록(七拙齋行錄) 참고}.

취병 조형

취병 조형^{翠屏 趙珩. 1606~1679}은 본관이 풍양^{豊壤}이고, 조선 선조 때 광주목사 조희보와 강릉 최씨 사이에 태어났다. 자는 군헌^{君獻}이며 호는 취병^{翠屏}이다. 1606년 10월 부친이 광주목사로 부임한 해에 비아 도촌에서 태어났다. 전설에 의하면 어머니가 출산할 때가 되었는데 당시 법도에는 관아에서 출산할 수가 없어서 비아 도촌에 있던 칠졸재 박창우

취병 조형 유허비(사진: 김승현)

의 집에서 조형을 출산했다고 한다. 조형은 1611년까지 광주에서 자랐다. 그는 어려서부터 자질이 뛰어나 여덟 살 때 글공부를 시작했는데 열다섯 살쯤에 이미 경서를 외웠다. 1626년 문과 별시別試에 합격했고 1630년에 명경과明經科에 합격해 승문원에 들어갔다가 예문관 검열이 되었다. 한때 부여로 유배되었다가 1636년 다시 등용된 후 어전에서 하는 문신들의 전강殿講에서 주역周易을 강의해 1위를 차지해 인조 임금으로부터 상을 받기도 했다.

1636년 겨울 청나라가 우리나라를 쳐들어와 임금이 남한산성으로 피신하자 임금을 따라가 전투를 독려하는 독전어사督戰御使가 되었다. 이듬해 서울로 돌아와 병조좌랑에 임명되었는데 어버이를 봉양하기 위해 영덕현 수령을 자청했다.

1644년 홍문관 수찬과 교리, 사간원 헌납에 임명되어 일하다가 병조좌랑으로 옮겨갔다. 그 후 사헌부와 홍문관, 사간원 등 여러 요직을 거쳤고 효종 때에는 형조참의, 병조참의, 충청감사, 대사간 등을 역임했다. 특히 대사간으로 재직 중에 통신사로 추천되어 일본을 다녀와 부상일기扶桑日記라는 기행문을 썼다. 이 기행문은 17세기 한일관계사에 중요한 자료로 평가받고 있다. 현종 때에는 경기도 관찰사, 형조판서, 대사헌, 예조판서, 한성판윤, 공조판서 등을 역임했다. 그는 청나라 연경에 세 번이나 사신으로 다녀왔고, 일본에 통신사 정사正使로 다녀온 외교통이었다. 당대의 석학이었기에 정사로 뽑혀 외교를 한 것이다. 부상일기 기록에 따르면 그는 1655년효종 6년 4월 서울을 출발해 이듬해 2월에 돌아왔다. 서울에서 부산까지는 육로로 부산에서는 배를 타고 대마도를 거쳐 도쿠가와 막부가 있는 에도江戸까지 가서 외교를 했다.

부상일기에서 특히 눈에 띄는 대목은 대마도주를 비롯한 일본인들이 대부분 무례하고 간사하다고 비판한 내용과 일본인들의 명분 없는 선물을 사절했다는 내용 등이다. 예컨대 에도에서 관백關白: 집권자이 보낸 선물 중에서 순금 다기나 백금 등 금은보화는 모두 사절했다. 그러나 정당하게 받은 물건은 아랫사람들에게 골고루 나눠줄 정도로 청렴결백했다. 임진왜란 때 일본에 포로로 끌려간 늙은 동포가 자신을 찾아와 생계가 어려워 죽으로 연명하고 있다고 호소하자 쌀을 넉넉히 주어 보내기도 했다. 역대 통신사와 마찬가지로 조형 일행도 일본인의 요청에 따라 예절과 문장을 가르치고 시나 서화 등을 전해주어 일본 문화 발전에 이바지했다.

조형이 일본에 사신으로 갔을 때 쓴 시가 일본 사찰의 승려에 의해 전해오고 있는 데 그 가운데 한 수를 소개하면 다음과 같다.

"다른 나라에서 한 해가 저물어 향수鄕愁가 새로우니 / 오늘 이 몸은 기러기처럼 나그네가 되었구나 / 동남東南의 산과 바다를 다르게 여기지 마라 / 하늘은 높고 먼 데서 똑같이 보고 사랑하나니"

1711년 숙종 37년 조형의 증손인 조군석에게서 부상일기를 빌려서 일본에 통신사로 갔던 조태억의 기록에 따르면 천태산 사찰에 조형의 초상화가 걸릴 정도로 일본인들의 공경을 받았다고 한다.

안촌 박광후

안촌 박광후安村 朴光後, 1637~1678는 비아 도촌에서 태어나 조선 효종~숙종 때 활동했던 호남의 대표적인 선비이다. 본관은 순천이고 자는 사술士述이다. 칠졸재 박창우의 손자이며 박천용의 아들로서 우암 송시열과 동촌 송준길의 문하에서 학문을 배워 30세 1666. 현종 7년에 사마시에 합격했다. 호남 선비들의 사표가 되어 많은 선비들이 그의 학통을 계승했다.

을사사화로 우암 송시열이 유배되자 광주, 나주, 장성의 선비들과 연대하여 구명운동을 하다가 옥고를 치르기도 했다. 그의 아호 안촌安村을 따서 마을 이름을 안청安淸이라 했다고 한다. 안청마을에는 그가 만년에 살던 집인 외성당畏省堂이 남아 있다. 외성당에는 우암이 쓴 편액이 있었는데 사라지고 우암의 시와 노사 기정진, 면암 최익현, 송사 기우만 등 애국적인 선비들의 시와 외성당기記가 걸려 있다.

우암이 쓴 묘비문을 보면 그의 면모를 헤아릴 수 있다.

"은산철벽銀山鐵壁 같은 선비 / 큰불에도 타지 않는 구슬 / 모습은 늠름하고 언동은 강직하며 / 행실은 떳떳하고 의지는 흐트러짐 없었다"

시문집으로 안촌집安村集이 있는데 여기에는 기대승과 박순의 학문과 고경명, 박상의 절의를 찬양한 글이 있다.

상고헌 박노면

상고헌 박노면上古軒 朴魯冕, 1860~1913은 비아 도촌 출신으로 본관은 순천이고 자는 순여純女이며 호는 상고헌이다. 칠졸재 박창우의 8대손이며 박회동의 외아들이다. 그가 대여섯 살 되던 해에 호남의 대학자 노사 기정진이 집에 왔는데 그의 모습을 보고 머리를 쓰다듬으며 칭찬했다.

"이 아이의 자질이 보통이 아니라 사랑스럽구나. 장차 대를 이어 학문과 가문의 명성을 이어갈 아이로다."

박노면은 어린 시절 석음 박노술의 부친 박양동의 문하에 들어가 박노술과 함께 글을 배웠다. 그러나 아버지는 아들을 큰 선비로 키우기 위해 노사 기정진이 사는 장성 진원면 고산리로 이사 가서 노사의 이웃에 살며 학문을 배우게 했다. 노사는 어린 제자 박노면을 아끼고 사랑하며 이렇게 타이르곤 했다. "입신양명立身揚名하여 어버이를 영광되게 하는 것은 너 한 사람의 마음에 달려 있으니 항상 의지를 굳게 하고 행실을 돈독하게 하라."

노사가 80대 고령이었기 때문에 주로 노사의 손자인 송사 기우만과 어울리며 가르침을 받았지만, 노사는 박노면의 물음에 손수 답장을 적어 보내주곤 했다. 박노면은 노사와의 문답을 통해 학문을 힘써 닦았고, 노사가 세상을 떠난 뒤에는 송사를 스승으로 섬겨 학문을 대성하였다.

박노면은 글도 잘 써서 송사는 일찍이 그를 가리켜 '남쪽 고을에서 으뜸가는 문장南州詞宗'이라고 칭찬했다고 한다. 송사가 항일의병을 일으켜 창평, 남원 등지로 떠돌자 박노면은 학도들과 함께 스승들의 학당인 담대헌澹對軒을 지키며 후학들을 가르쳤다. 그는 제자들에게 항상 이렇게 말하곤 했다.

"학문을 하는 것은 길을 가는 것과 같으니, 길을 가르쳐주는 이는 스승이지만 그 길을 가고 안 가는 것은 자신에게 달려 있다. 아무리 스승이 가르쳐준다고 해도 자신이 가지 않으면 비록 성인과 함께 산다고 해도 별도리가 없을 것이다. 사나이에게는 두 가지 큰일이 있고, 책을 읽어 경서의 깊은 이치를 체득해야 작게는 자신을 닦고 풍속을 아름답게 하며, 크게는 천하를 편안하게 할 수 있다. 이 말은 노사 선생님께서 평소에 제자들에게 늘 하시던 말씀인데 나도 가슴 깊이 새겨두어 그대들에게 전하는 것이다."

박노면은 많은 시문을 남겼는데 그의 아들 박흥규가 시문을 모아 '상고헌 유고上古軒遺稿'를 엮었다. 주로 자연과 농촌 생활을 읊은 박노면의 시 중에는 비아장의 전신인 아산장을 언급한 시가 있어 눈길을 끈다.

실 잣는 집(紡家)

이웃집 작은 창에 등불이 켜 있는데(小窓燈火隔隣家)
딸아이랑 이야기하며 무명실을 잣는구나(談笑兒娘績木花)
사채와 세금을 번갈아가며 독촉하니(私債公錢相促督)
아산장 실값이 얼마더냐 물어보네(鴉山市價問如何)

항일의병 '날담비' 최군선

구한말 항일의병전쟁에 참여한 최군선崔君先은 1878년 1월 7일 광산군 비아면 아산마을에서 최치홍의 둘째 아들로 태어났다. 최군선의 집

안은 탐진 최씨 광주 천곡파인데 6대조인 최태봉 이후 비아에 거주하게 되었다.

최군선이 열여덟 살이 되던 해인 1895년 8월 명성황후 시해 사건이 발생했다. 이어 1905년 을사늑약으로 외교권과 군사권을 일제에 빼앗기게 되었다. 대한제국 군대를 강제로 해산시키자 전국 각지에서 맹렬하게 의병운동이 일어났다. 특히 호남의병은 가장 왕성하게 일어나 투쟁하였다.

노사 기정진 선생의 조카인 성재 기삼연 선생은 1907년 10월 호남창의회맹소를 열어 의병을 모집했다. 김태원을 비롯한 수많은 사람들이 호남창의회맹소에 가담했다. 기록은 없지만 최군선도 이때 고향에서 가까운 장성으로 가서 호남창의회맹소의 의병에 가담했을 것으로 보인다.

최군선은 평소 존경하던 김태원 의병장을 따라다니며 전투에 참여했다. 그는 이러한 투쟁에서 동에 번쩍 서에 번쩍 뛰어다니며 활약해 왜적과 친일파들의 간담을 서늘하게 했다. 그래서 '날담비'라는 별명이 붙었다. 어등산은 항일의병전쟁 시기에 의병들의 주요 근거지였는데, 어등산 전투에서 최군선은 치밀한 작전과 민첩한 행동으로 왜적 30여 명을 사살했다고 한다.

최군선은 담양 대전면 한재골에서 조경환, 전해산, 심남일 등과 연합작전을 벌여 승리를 거두었다. 최군선은 이때 선봉에 서서 싸워 일본헌병 10여 명을 사살했다.

전해산의 대동창의단, 이석용의 호남창의소, 김동신의 삼남창의소, 심남일 의병부대, 양진여의 의병부대 등 곳곳에서 호남의병이 조직적으로 연대하며 일본군경에 맞서 항쟁하자, 일본 군경은 1909년 9월부터 약 두 달간 '남한폭도대토벌작전'이라는 이름 아래 호남의병 대학살을 벌였다.

최군선은 다행히도 이러한 학살의 와중에 몸을 피신해 살아남았다.

1952년 12월 11일 74세로 파란만장한 삶을 마쳤다. 최군선의 고향 아산 마을에는 오늘날 후손 최일수 씨가 살고 있다.

비아의 민속놀이

비아는 광주첨단과학산업단지가 들어서기 전까지만 해도 대다수 주민이 농사를 짓던 전형적인 농촌마을이었다. 그래서 마을 사람들이 공동체 의식을 가지고 함께 농사를 짓고 함께 놀며 나눠먹는 협동과 나눔의 공동체문화가 계승되어 오고 있었다.

마을 공동체문화의 대표적인 형태가 두레와 당산제이다. 이는 우리 겨레의 전통적인 미풍양속으로서 보존하고 계승해야 할 민속문화이다.

풀두레놀이

옛날에는 마을마다 두레가 있었다. 하지만 1970년대 이후 새마을운동을 거치며 이앙기나 제초기, 트랙터, 콤바인 등 농기계가 등장하면서 농민들이 함께 모여 일하는 두레의 필요성이 줄어들면서 자취를 감추었다.

비아에도 농사철이면 모내기, 김매기뿐 아니라 풀베기할 때도 온 마을 사람들이 함께 참여하는 두레의 전통이 남아 있었다.

비아 풀두레놀이는 마을 주민들이 함께 산에 올라가 풀 베는 일을 하면서 노는 놀이이다. 농민들은 논매기가 끝난 뒤 음력 7~8월에 산이나 들로 풀을 베러 갔다. 그리고 풀을 벤 후 바로 가지고 오는 게 아니라 산이나 들에 풀을 널어두었다가 추수가 끝난 뒤 옮겨 두엄자리에 풀을 쌓아두고 인분을 뿌려서 썩혀 거름으로 만들었다.

풀베기를 하러 갈 때는 '산아지타령'을 부르고 풀베기를 할 때는 다양한 놀이를 했다. 추수가 끝난 뒤 산에서 풀을 지고 내려올 때는 '상사뒤요뒤요' 노래를 불렀다.

산아지타령

에야디야 에헤헤이에야 에야 디여라 산아지로구나
올라간다 올라간다 준령태산을 올라가네
산에 올라 옥을 캐니 이름이 고와서 산옥이로구나
윗동산 박달나무는 홍두깨 방망이로 다 나간다
홍두깨 방망이는 팔자가 좋아 처녀아기 손질에 다 녹아난다
구름은 이뤄져서 산 넘어가고 안개는 이뤄져 중천에 뜨는구나
이러다 저러다 내가 죽어지면 천사만사가 허사로구나

비아 풀두레는 5가지 과정으로 구성되어 있다. 첫째 풀베기 하러 갈 초군을 모으는 일과 둘째 '산아지타령'을 부르며 산에 오르는 일, 셋째 각자 풀베는 일, 넷째 쉬는 시간에 다양한 놀이를 하는 것이다. 다섯째 풀짐을 지고 '상사뒤요뒤요' 노래를 부르며 산에서 내려오는 것이다. 그리고 여섯째 작두로 풀을 썰어 두엄자리에 쌓고, 일곱째 쌓아놓은 풀 위에 인분을 뿌린 뒤 이엉을 엮어 덮는다. 마지막으로 모든 일을 마친 뒤 한바탕 농악을 치며 춤추고 노는 것이다.

초군들이 쉬는 시간에 하는 놀이는 낫을 던져 땅에 꽂히는 사람이 이기는 '갈쿠치기', 지게 위에 작대기를 던져 올리는 '작대기던지기', 지게 위에 두 발을 딛고 타는 '지게타기', 지게를 타고 넘어지지 않고 달리는 '지게달리기', 지게 한쪽 발을 한 손으로 들어 올리는 '지게들기', 지게를 원 밖으로 밀어내는 '지게밀어내기', 동서로 편을 가르고 지게를 엮은 열차를 만들어 꼬리부분에 깃발을 단 뒤 상대편 지게꼬리 깃발을 뺏는 '지게꼬리잡기', 지게로 탑을 쌓는 '지게탑쌓기', '자치기' 놀이 등이

있었다.

상사뒤요뒤요

내려가네 내려를 가네 상사뒤요 어뒤요

산골짜기를 내려를 가네 상사뒤요 어뒤요

여기서 잠깐 쉬어를 가세 상사뒤요 어뒤요

놀다보니 저물어 가네 상사뒤요 어뒤요

저 달 뒤에는 별 따러 가고 상사뒤요 어뒤요

내 님 뒤에는 내가 가네 상사뒤요 내뒤요

일락서산 해 넘어가고 상사뒤요 어뒤요

월출동정에 달 솟아오네 상사뒤요 어뒤요

비아 풀두레놀이는 굿마당 남도문화연구소 소장 이현옥 가 사라져가는 민속을 발굴해 보존·계승하고 있다. 굿마당은 옛 무양중학교 현재 비아중학교 교사 일부를 매입해 둥지를 틀었다. 굿마당이 자리를 잡을 당시 이곳은 허물어져 가는 관사와 주변은 온통 풀과 나무들에 둘러싸인 채 맨마당과 3칸의 교실에서 수업이 진행되었다. 이현옥 소장은 광주시무형문화재 제8호 설장구 고 김종희 선생의 전수자로서 1998년 굿마당남도문화연구소를 설립해 우도농악, 상여소리, 광산들노래, 당굿놀이 등의 전승과 교육활동을 활발하게 펼치고 있다.

굿마당은 첨단지구 전통문화의 출발점이자 근원지이다. 첨단지구의 고유한 민속행사로 자리 잡은 쌍암공원과 응암공원 당산제, 첨단골 대보름 행사를 발전시켜온 산증인이기도 하다. 굿마당의 가장 큰 역할은 음력 1월이면 펼쳐지는 첨단골 달집태우기 행사를 선도하는 것이다. 지역민의 화합과 안녕을 비는 대표적인 첨단골 전통문화단체로 자리하고 있다.

첨단의 아파트공동체와의 첫 만남은 1999년에 이뤄졌다. 당시는 쌍암공원이 완전히 단장을 끝내지 않은 때여서 소리꾼과 풍물패들끼리 현재의 굿마당 빈터에서 나무 틈새의 잡초를 베어내고 널찍한 마당을 확보함으로써 음력 정월 대보름 공연장을 대신했다.

광주 지역 유명 풍물패들 30여 명을 불러 모아 마당에서 그들만의 공연으로 대보름 풍물을 신명 나게 쳤다. 풍물소리를 들은 주민들이 굿마당 터로 몰려들어 마련된 막걸리와 떡, 과일을 함께 나누며 흥겨운 달집태우기를 함으로써 오늘날 첨단지구만이 갖는 독특한 전통 민속놀이의 복원을 알렸다.

첨단지구에서 지니는 굿마당의 위상은 당산제의 복원과 대보름맞이 달집태우기로 압축된다. 민속문화 보존을 위해 현재의 쌍암공원과 응암공원에 존재하던 당산나무의 내력을 추적, 철저한 고증에 의해 당산제가 복원되었다. 무속인을 불러 쌍암과 응암공원의 당산나무 기운을

쌍암공원에서 열린 정월 대보름 행사에서 당산제를 지내는 장면(사진: 김승현)

진단하고 당시 쌍암공원의 들당산 제의 시작을 알리는 인사를 받는 당산나무 또는 제사의 시작 과 응암공원의 날당산 제가 끝남을 알리는 인사를 받는 당산나무 또는 제사의 종결 을 위한 각종 제례를 복원했다.

비아 풀두레놀이는 2008년 제주에서 열린 제49회 한국민속예술축제에 광주시 대표로 출전해 장려상을 수상했다.

굿마당이 복원한 당산제와 쥐불놀이, 달집태우기 등의 대보름 축제는 첨단지구만의 고유의 민속행사로 확고히 자리 잡았다. 전통문화가 사라진 아파트공동체라는 새로운 도시문화에 전통 민속놀이를 지역축제로 승화·발전시키고 있다는 점에서 가치를 평가받을 만하다 『광산구사』 제2권, 2016, 129~130쪽 .

비아마을 당산제

비아마을 당산제 가운데 신흥마을 당산제와 치촌마을 당산제 이야기가 『광주 북구 지리지』 306~308쪽 에 기록이 남아 있어 여기에 소개한다.

신흥마을 당산제

오룡동 신흥마을은 매년 정월 보름날 음력 1월 14일 부녀회 주관으로 할머니 당산에서 당산제를 지냈다. 원래의 당산은 6·25 전까지 마을 안 옹기가마 옆에 있는 느티나무를 할머니 당산으로 모시고 지내왔다. 그러나 땅 주인이 천주교 신자여서 당산나무를 베어버려 입석으로 바뀌게 되었다고 한다. 이 마을에서는 당산제를 모시면서 마을을 평안하게 하고 풍년을 빌며 옹기그릇이 잘 구워지게 해달라고 기원하였다. 이 마을이 폐촌됨에 따라 광주민속박물관은 주민들의 동의를 얻어 입석을 기증받아 야외전시장에 이설·복원해놓았다.

치촌 당산제

마을 입구 왼편에 '독당산'이라 부르는 입석이 있었다. 높이는 110cm, 두께 45cm, 둘레 195cm인데 오룡동에 첨단단지가 들어서면서 어디론가 사라졌다고 한다. 독당산 부근은 조리형국으로 마을이 부촌이 될 풍수지리적 여건을 갖추고 있다. 또 하나의 당산은 마을 뒤에 있는 백여 년 된 버드나무로 그 당당함은 오늘날까지 여전하다. 인근 마을 가운데 줄다리기가 성행했던 치촌은 매년 1월 말이면 마을 공터에서 여러 장정들이 힘을 모아 삼합三合의 큰 줄기를 외로 꼬아 30m쯤 되는 줄을 만든다. 1월 그믐밤에는 횃불을 켜들고 농악대를 앞세워 흥을 돋운 다음 줄을 당긴다. 마을 안 길을 기준으로 편을 가르고 한쪽은 남자, 다른 쪽은 여자로 구분하여 줄다리기를 하는데 여자 편이 이겨야 시절이 좋고 풍년이 든다는 속설이 있다. 줄다리기 다음 날인 음력 2월 1일 정오에 마을 입구 독당산부터 당산제를 지내는데 제관은 마을의 연장자인 촌장村長이 맡는다.

제물은 돼지머리, 시루떡, 삼실과三實果, 메, 탕, 향, 초, 제주祭酒 등이며 정갈한 화주가 미리 준비한다. 제사 차례는 강신降神 − 초헌初獻 − 개반開飯 − 삽시揷匙 − 아헌亞獻 − 종헌終獻 − 소지燒紙 순으로 진행되는 유교식이다. 제의 시작과 끝에는 농악대가 참여한다.

치촌 당산제에는 축문이 없다. 당산제가 끝난 뒤 전날 저녁 당겼던 줄을 입석 아래 부분부터 감아서 당산 옷 입히기를 한다. 독당산에서 옷 입히기가 끝난 뒤에는 마을 뒤 나무당산으로 옮겨 또 한 차례 별도로 준비한 제물로 당산제를 지낸다. 다른 곳에서 흔히 연행되는 바깥당산할아버지당산제를 먼저 지내고 그 다음 마을 안이나 들판에 있는 안당산할머니 당산제를 지내는 것과는 차이가 있다.

당산제가 모두 끝나면 농악대는 마을의 공동 샘에서 샘굿을 맨 먼저 치고 마을을 돌아다니며 마당밟기를 시작하는데 이장 집을 시작으로 마을의 연장자 순으로 진행한다. 문굿－장광^{천룡}굿－조왕굿－곳간굿－마당굿 순으로 이어지는 마당밟기는 꽹과리, 징, 장고, 북, 태평소, 나발 등이 등장하고 양반, 포수, 초랭이, 중 등의 잡색이 뒤따라 다니며 흥을 돋운다. 이때 거두어진 모든 경비는 마을의 공동경비로 사용한다.

마당밟기가 끝나면 그 해의 품삯을 결정하고 효자를 표창하고 불효자를 징벌하는 등 마을의 제반사항을 협의하는 마을회의를 연다.

한편, 마을 입구 독당산에 예전엔 가끔 아들 낳기를 기원하는 부녀자들이 과일과 시루떡을 차려놓고 기자치성^{祈子致誠}하는 경우도 있었다. 하지만 이러한 당산제나 줄다리기도 1950년대까지 시행되었으나 60년대 이후부터는 중단되었다고 한다『광주 북구 지리지』, 306~308쪽.

되살린 첨단골 대동놀이

첨단지구의 정월 맞이 대보름민속축제는 첨단지구 고유의 민속놀이라 해도 과언이 아니다. 서구문물의 무분별한 수용으로 한국 전래의 민속놀이는 물론이고 전통문화 대부분을 상실해버린 현재의 한국사회에서 평범하기 이를 데 없는 대보름맞이 민속놀이가 첨단지구에서는 새로운 대동놀이로 듬직하게 재구성하고 있기 때문이다.

쌍암공원과 응암공원에서 펼쳐지는 이 전통놀이는 지역민들이 흥겹게 한자리에 모여 즐기는 놀이문화라는 점과 첨단지구가 조성되면서 새롭게 재창조된 민속놀이라는 점에 큰 의미가 있다.

지역 전통문화단체인 사단법인 굿마당 남도문화연구회 주관으로 치러지는 이 행사는 마을 당산제와 달집태우기를 큰 틀로 하고 있다. 여기에 다양한 전통문화공연이 매년 새로운 형태로 시도되면서 진화를 거듭하고 있다. 1999년 첫 공식행사를 앞두고 쌍암공원과 응암공원에 있는 당산나무를 고증을 통해 할아버지 당산나무와 할머니 당산나무로 이름 붙이면서 20여 년 전에 끊긴 첨단골의 전통문화를 새롭게 되살려냈다.

쌍암공원에서 열린 정월 대보름 행사에서 달집을 태우는 광경(사진: 김승현)

　음력 대보름에는 지스트 왼편에 자리한 굿마당을 떠난 풍물패들이 요란한 농악연주와 함께 길굿을 시작한다. 쌍암공원 왼쪽의 도로변 인도를 따라 롯데슈퍼를 거쳐 쌍암공원 정문으로 행렬이 이어진다.

　상모와 고깔을 쓴 울긋불긋 농악대 차림의 행렬은 공원 정문 옆의 할아버지 당산나무 앞에서 한바탕 신나는 농악장단을 풀어낸다. 이것이 바로 농악대가 당산제를 지내기 위해 들어가는 '들당산'이다. 당산제는 쌍암공원의 할아버지 당산나무에서 시작해 응암공원 할머니 당산나무에서 끝나므로 당산에서 나오는 이때가 '날당산'이다. 당산나무 앞 제상에 돼지머리를 비롯한 푸짐한 상이 차려지면 좌집사 우집사가 좌우로 늘어서고 당산에 술을 올리는 벼슬아치인 첨단 1동과 첨단 2동 동장이 초헌관, 아헌관, 종헌관이 되어 세 번에 나눠 술을 올리고 절을 한다.

　할아버지 당산에서의 제가 끝나면 다시 풍물패는 풍악을 울리며 농자천하지대본農者天下之大本이란 글이 새겨진 농기農旗를 앞세우고 동아

아파트, 모아아파트, 첨단초등학교를 지나 응암공원에 이른다.

할머니 당산제가 치러지기 전 다양한 전통음악과 춤사위를 중심으로 화려한 공연마당이 펼쳐진다. 전남 서부평야를 중심으로 발달한 호남 우도농악의 느리고 빠른 가락이 펼쳐지는가 하면 한국무용과 화려한 발 놀림을 보여주는 선반 설장구가 숨 쉴 새도 없이 이어진다. 웅장하면서 도 경쾌한 가락으로 심혼을 빼앗는 모듬북과 사물놀이, 창극판소리 및 남도민요, 호남우도농악 선반 판굿 등이 펼쳐진다. 여기에는 초청받은 다른 문화패가 출연해 공연 분위기를 한껏 띄우기도 한다. 한국무용은 액을 풀어내는 살풀이와 세태를 풍자하는 춤극인 한량무, 관기가 여흥 을 돋우는 화려하면서도 간드러진 춤사위의 교방무 등이 관중들의 시선 을 사로잡는다. 무속음악과 꽹과리의 다양한 장단 등을 선보이고 남도 민요로 집터를 지키는 성주신에게 복을 비는 성주풀이가 청중의 귀를 안는가 하면 까투리타령에 이어 화기애애한 애정을 노래하는 둥가타령 을 선보이는 남원산성, 진도아리랑이 좌중의 흥을 한껏 돋운다.

보름달이 응암공원 위로 두둥실 떠오르는 밤 10시를 훌쩍 넘긴 시간 이면 드디어 할머니 당산제가 시작된다. 당산제가 시작되기 전에 마을 의 안녕과 풍년을 기원하기 위해 남녀 두 팀으로 나뉘어 용줄 줄다리기 행사를 갖는다. 주민들은 즉석에서 참여하는데 암수를 의미하는 암줄 과 수줄의 용줄에 남성과 여성별로 나뉘어 상징적인 줄다리기가 시작된 다. 서로 용줄을 들고 교차하며 달집을 돌아 서로 마주본 후 줄 듯 말 듯 하며 보는 이의 애간장을 태운다. 나중에 용줄이 하나로 결합되면 버팀목을 꽂아 하나로 결합된 용줄을 양편으로 잡아당긴다. 이때 빗자 루를 든 여성들이 남성 진영에 몰려가 빗자루를 휘둘러 남자들을 용줄 에서 쫓아내고 여자 진영이 승리를 거둔다.

우산각 위로 제상이 차려지고 초헌관과 아헌관, 종헌관의 순으로 잔 을 올린다. 이때는 지역 출신의 유지들이 헌관으로 나서는데 첨단지구의 대보름 행사가 워낙 대규모로 치러지면서 구청장이 참석하는 경우도 많다. 제가 끝나면 소지를 제상의 촛불을 이용해 소각한다. 소지가 끝나면 음복례를 한다. 한바탕 풍물을 치고 나면 모든 주민들이 응암공원 한가운데에 자리한 달집을 둥그렇게 에워싼다.

달집태우기는 마을의 안녕과 풍요, 다산을 기원하는 전통 민속놀이로 첨단 지역 주민들을 한마음으로 대동단결시키는 가장 상징적인 놀이이다. 높이 10m, 지름 4m 규모의 달집은 장작과 대나무, 짚으로 몸집을 만들고 바람개비와 연, 주민들의 축원문 등이 겉을 장식한다. 달집의 뼈대인 장작과 대나무만 1톤 트럭으로 20여 대 분량이다. 주변에는 횃불이 켜지고 이들은 안전선을 확보한 다음 동시에 풍등을 켜서 화려함이 극에 달한다. 이러한 풍등 30여 개를 띄우면 쥐불 깡통 역시 이곳에서 돌린 후에 달집에 점화가 이뤄진다. 횃불을 던져 응암공원 중앙에 마련된 달집에 불이 옮겨 붙으면서 거대한 불기둥이 응암골을 대낮처럼 환하게 밝힌다. 잡귀를 물리친다는 속설대로 대나무 매듭이 터지는 소리가 콩 볶는 듯 아파트촌을 울리는 가운데, 주민들의 환호와 함께 달집이 거대한 불꽃을 일궈내면서 이날 행사의 압권을 장식한다.

풍물패의 장단에 맞춰 강강술래, 강원도아리랑, 진도아리랑, 뱃노래, 꽃타령 등 신나는 전통가락에 어깨춤이 절로 나고 주민들 모두가 박수와 함께 환호성을 내지르며 마을의 안녕과 무사태평, 풍요를 빈다.

원주민들의 고향 회상

원주민들의 고향 회상

추억의 고향집

고향집

박준수

달빛 아래 감나무 그림자 서성이는 그곳으로
탱자울타리 사이 바람은 여전히 귓가에 분다
봄이면 연초록 솔 순과 아카시아 꽃 따먹으며 걸었던 등굣길
무리지어 가다가 흙바람도 맞고 물수제도 뜨던 그곳으로
늙은 농부가 소달구지를 타고 세월의 언덕을 넘는다
흰 구름 둥실 떠가는 하늘과 해맑게 웃음 짓던 물개방죽
청보리 온 들판에 물결치는 여름날 뻐꾹새 울음소리
뽕잎 따는 처녀 가슴에 스며드는 그곳으로
오뉴월 태양은 눈부시게 빛나고 있다
그 따가운 햇볕에 어머니 얼굴은 노랗게 물들고
통통히 살 오른 과수원 능금이 불그스레 달려 있다
가을날 아버지의 곳간 문이 삐걱 열리면

들녘의 땀과 수고가 한 섬 한 섬 쌓이고
마을은 더욱 부산하고 장날은 홍거운 잔칫집이다
양철지붕과 나뭇가지에 하얀 눈이 내리면
탱자 울타리를 뚫고 온 바람이 회초리 소리를 내며
작고 오래된 창문을 두드리는 그곳으로
그리운 얼굴들이 다시 모이는 그런 날이
언젠가 꿈처럼 오리라.

무릉도원 과수원

고향에 대한 그리움은 옛날 기억으로부터 피어오른다.

비아 응암마을은 야트막한 구릉지로 배, 감, 복숭아 과수원이 밀집해
있었다. 과수원이 산재한 응암마을 일대를 마을 사람들은 '진등'이라 불
렸다. 마을은 봄이면 화사한 꽃잔치를 벌인다. 맨 먼저 복숭아가 가지
끝에 홍조 띤 꽃망울을 펼친다.

응암과수원 사이를 지나는 마을길(사진: 저자)

나무마다 꽃등을 내건 과수원은 말 그대로 무릉도원武陵桃源이다. 곧이어 배꽃이 순백의 꽃잎을 내밀기 시작한다.

논에는 메밀꽃이 마치 소금을 흩뿌린 듯 지천으로 널려 있다. 그 위에 교교한 달빛이 겹치면 봄의 들판은 영화 속 한 장면처럼 숨 막힐 듯 고요한 긴장감이 흐른다.

그러나 봄이면 언 눈이 녹아 수렁으로 변한 마을길을 나서는 게 여간 불편스러운 게 아니다. 어른, 아이 할 것 없이 고무신에 엉겨 붙은 흙을 떼어내느라 한바탕 씨름장으로 변한다. 그리고 비가 오면 황토 흙이라 물이 잘 빠지지 않아 진창길로 변하기 일쑤다. 그래서 "마누라 없이는 살아도 장화 없이는 못 산다."라는 말이 회자되었다.

유년시절을 보낸 과수원은 야구장 크기 정도의 꽤 넓은 농장이었다. 탱자울타리 안에는 감나무와 복숭아나무뿐 아니라 밭이 몇 마지기 고즈넉이 자리하고 있다.

꽃잔치가 시작될 무렵이면 과수원에는 낯선 청년들이 불쑥 나타났다. 양봉업자들이다. 벌통을 차에 싣고 온 이들은 과수원 한쪽을 빌려 몇 달간 머물며 꿀을 채집한다.

군대 막사 같은 천막을 쳐놓고 산 등정에 나선 산악인처럼 야영생활을 한다.

벌통 수십 개를 펼쳐놓고 하루 종일 기타를 치며 벌들이 꽃가루를 가져오기를 기다린다.

그렇게 한 달가량이 지나면 벌통에 꿀들이 채워진다.

벌들은 응암 들판을 마음껏 날아다니며 꽃향기를 맡으며 식량을 채집한다. 벌들은 낯선 사람에 대한 경계심이 강해 곧바로 공격을 가한다.

그렇게 시간이 흘러 벌통에 꿀이 가득 찰 때쯤이 되면 꿀을 채취한다. 서랍 모양의 벌집을 꺼내 꿀을 따는 기계교유기에 넣고 돌리면 원심력에 의해 꿀이 통에 고인다.

꿀을 채취한 빈 벌집에는 가마솥에 적설탕을 끓여 만든 설탕 꿀을 벌집에 채워준다. 벌들은 꿀 대신 이 설탕 꿀을 먹고 이듬해 봄까지 살아간다.

제주도 유채꽃에서 출발해 꽃이 지나는 길을 따라 멀리 강원도에서 마지막 갈무리를 한다. 꿀은 농도가 짙어 많이 먹으면 위장이 견디지 못하고 토하게 된다. 어느 날 광 속에 보관된 꿀 따는 원통형 기계에 남아 있는 꿀을 몰래 훔쳐 먹었다가 위장이 뒤틀려 모두 토한 적이 있다.

여름이면 녹음이 우거져 과수원의 내부는 동굴처럼 짙은 그늘이 드리운다. 가을에는 나뭇잎 사이로 노랗게 익은 과일이 수줍게 얼굴을 내민다. 여름 혹은 가을이면 광주 도회지 사람들이 찾아와 수박이나 복숭아, 감 등 과일을 시켜놓고 나무 그늘 아래에서 여흥을 즐기는 모습을 심심치 않게 볼 수 있었다.

겨울은 황량하기 그지없다. 나뭇잎들이 광합성 작용을 멈추고 낙엽이 되어 땅에 떨어지면 과수원은 '폭풍의 언덕'처럼 쓸쓸한 풍경을 연출한다. 또한 이때에는 이듬해 봄을 대비해 가지치기와 거름주기를 해야 한다. 고된 노동의 연속이다. 잘려 나간 나뭇가지를 땔감으로 쓰기 위해 하나하나 주워서 묶는 게 만만치 않다. 거름을 주기 위해 나무 둘레 흙을 파내는 작업도 여간 고생스럽지 않다.

삭풍이 불어오면 앙상한 나무들은 회초리를 맞은 듯 비명소리를 질러댄다. 덩달아 과수원 양철집 지붕도 음산한 신음소리를 낸다. "윙~윙~"소리는 긴 밤 내내 귓전에서 떠나지 않는다. 그러다가 한겨울 눈이 내리면 과수원은 오히려 포근하고 평화롭다. 꿩이 날아오는 것도 이 무렵이다. 사냥꾼들은 이때를 놓치지 않고 찾아온다. 장총을 맨 미군 군인 복장의 사냥꾼이 포인터라 불리는 점박이 사냥개를 앞세우고 과수원 안으로 들어와 꿩과 추격전을 벌인다. 꼬부랑 말씨를 쓰던 그는 손짓과 의성어로 가까이 오면 위험하다는 주의를 주는 것 같았다. 총소리와 함께 푸드덕 날던 꿩이 곤두박질치자 사냥개는 날쌔게 달려가 전리품을 물고 왔다.

또한 과수원 안에는 작은 둠벙이 하나 있어 비가 오면 제법 물이 차올랐다. 어느 날 넙적한 항아리를 타고 뱃놀이를 하고 있는데 갑자기 뱀이 물 위로 헤엄쳐 오는 것을 발견하고 소스라치게 놀란 적이 있다. 우리 집은 과수원 이외에 논밭이 별로 없다. 과수원 안에 밭이 얼마쯤 자리하고 있어 철마다 농작물을 심었다.

툇마루에서 바라보면 저 멀리 뿌옇게 흙먼지를 날리며 고갯마루를 넘어가는 광주행 버스가 보였다. 동네 주민 가운데 김덕수라는 20대 청년과 가까웠다. 그 집 할아버지는 간혹 아버지의 부탁으로 소를 끌고 와 밭을 갈아주었다. 집 헛간에 쟁기를 놓아두고 가면 호기심에 이곳저곳 살펴보곤 했다.

비아 응암과수원 옆으로 저수지가 자리하고 있는데, 1983년 2월에 찍은 사진이다. 오늘날 쌍암호수공원이 되었다.(사진: 저자)

쌍암저수지 바로 옆 과수원 주인 김 씨는 거액의 보상금을 받았으나 형제간 다툼으로 불화를 겪었다고 한다. 우리 집과 탱자울타리로 경계를 이룬 배나무 과수원은 일제강점기에 지은 집이 있었다.

어느 날 이 집 개가 탱자나무 울타리를 들어와 뒤안 대나무 숲에 노닐던 암탉 한 마리를 송두리째 먹어 치웠다. 이때 항의차 뼈만 앙상한 채 희생당한 닭을 들고 이 집을 가보았는데 대리석 건물에 파란색 창문이 이국의 고급저택처럼 생각되었다. 주인 박진수 씨는 한복차림으로 나와 의아스러운 눈으로 뼈만 앙상한 채 죽은 닭을 쳐다보았다. 그는 면장을 지낸 유지였는데 나중에 과수원이 화천기공에 매각되었다고 한다.

쌍암으로 가는 길 입구 동산 무덤(사진: 저자)

박 씨 과수원 뒤편 뽕밭은 장성 전남제사 소유로 박인천 잠실이라 불렀다. 동네 아가씨들이 손가락에 반지를 끼고 뽕잎을 따는 모습이 인상

적이었다. 또 바로 뒤편에 초등학교 교사 신 선생 과수원이 있었는데 그 집의 아들이 후에 출세한 것으로 전해진다.

응암마을의 추억

농가들이 집단으로 모여 있는 응암마을과 과수원 지대는 어느 정도 떨어진 곳에 있었다. 일제강점기를 상상해보면 과수원은 일본인들이 살고, 마을에는 조선 사람들이 살았을 것으로 생각된다. 아마도 밭을 구입해서 일본인들이 탱자 울타리를 쳐서 경계를 짓고 그들만의 생활공간을 만든 것으로 보인다. 과수원 지대와 마을이 상당히 떨어져 있는 것도 그 같은 추정을 뒷받침한다.

우리 집에서 송인섭 과수원 탱자나무 울타리를 따라 10여 분쯤 걸어가면 초가집들이 옹기종기 모여 있는 동네가 모습을 드러낸다. 주변에

저자가 살았던 응암마을 과수원 양철집이 1993년 첨단단지 공사로 철거된 모습(사진: 저자)

서 가장 큰 마을이니 본동네라 할 수 있다. 그곳에 자주 심부름을 갔다. 오늘날 슈퍼와 같은 점방이 있어 막걸리나 라면, 과자를 사러 곧잘 다녔다. 대충 기억을 더듬어보면 30여 가구가 옹기종기 담을 맞대고 촌락을 이루고 있다.

마을 한가운데 비교적 넓은 공터가 있는 집 담벼락에 1960년대 '방공방첩', '퇴비증산'과 같은 구호가 써 있던 기억이 난다. 그 집의 안주인은 얼굴이 둥글고 예쁜 젊은 새댁으로 광주댁이라 불렸다. 광주댁이 무슨 뜻인지 몰랐는데 형에게 물어보니 광주에서 시집을 와서 이름 대신 광주댁이라고 부른다는 걸 알았다. 당시에는 이름 대신 택호宅號를 부르는 게 풍습이었다.

그 마을에는 집에서 이발을 해주는 아저씨가 있어서 간혹 이발하러 그 집에 형을 따라갔다. 마당에 의자와 바리캉, 면도날 등을 갖추고 머리를 깎아주었다. 보자기를 목에 두르고 이발을 하는데 이발기계로 머리카락이 뽑히는 바람에 따끔거렸다.

그리고 그 집 안방 마루에 걸린 상자모양의 커다란 라디오가 인상적이었다. 청년들은 헛간에 샌드백을 매달고 운동하는 모습도 보였다. 아버지를 따라 그 동네를 간 적이 있다. 초등학교 2학년 무렵이었던 것 같다. 친구분은 똥장군을 리어카에 싣고 밭에 거름을 주고 계셨다. 갑자기 아버지께서 나에게 국민교육헌장을 외도록 하셨는데 한참을 외우니 참 잘한다며 10원짜리 종이돈을 주신 기억이 난다.

마을에 송인섭 씨 과수원이 있었다. 5·16 박정희 군부 시절 중령이었던 그는 전남 어느 지역 군수로 재직하였는데 이곳 마을에 있는 자신의 과수원에 짚 차를 타고 들르고는 했다. 이들 가족은 때때로 말을 타고 마을을 질주해 아이들의 호기심의 대상이었다. 비아초등학교를 졸업한 송 씨는 비아초등학교 교문을 세워주기도 하는 등 지역 유지로서 행세를 했다.

한번은 송인섭 씨 과수원에 가본 적이 있다. 마당에 커다란 닭장이 있었는데 칠면조가 여러 마리 거닐고 있었다. 유난히 붉은 벼슬에 깃털은 청푸른 색을 띠어 흡사 공작과 비슷한 모양새였다. 난생 처음 칠면조를 본 것이다. 그 아랫집은 일반 농가로 사립문을 단 흙담집이었다. 마당에 장독대와 봉숭아꽃이 피는 전형적인 시골집이었다. 어느 날 그 집에 심부름을 갔는데 갑자기 하얀 집 거위가 달려들어서 흠칫 놀랐다. 주인이 말려도 세차게 공격을 해와 위협을 느꼈다. 알고 보니 때까우였다. 거위를 전라도에서는 때까우라고 불렀다. '까욱' 하는 날카로운 소리와 함께 커다란 부리를 앞세워 공격하는 것이었다.

특별한 기억들

아지랑이 피어 오르른 언덕에 정오 사이렌이 울었다. 청보리밭 너머로 긴 여운을 남기고 사라지는 사이렌은 밤하늘의 유성처럼 내 마음에 잔물결을 일으켰다. 무슨 의미인지도 모르고 매일 정해진 시각에 울리는 사이렌은 보이지 않는 세계의 실체를 일깨워주었다.

마을 가까운 곳에는 꽤 큰 저수지가 두 군데 있었다. 쌍암저수지와 응암저수지 물개방죽 이다. 마을 사람들은 이들 저수지를 '동쪽 방죽', '서쪽 방죽'으로 불렀다. 지금 첨단호수공원은 쌍암저수지를 확장한 것이다. 장구촌 인근 물개방죽은 매립된 것으로 보인다. 장구촌 마을을 가려면 저수지 징검다리를 건너야 하는데 밤에 달빛이 비친 하얀 수면은 무섭기보다는 은은한 안도감을 주었다. 특이한 기억은 여름철 소나기가 내리는 어느 날, 우리 과수원집 마당에 물고기 여러 마리가 하늘로부터 떨어져 퍼덕거리는 것이었다. 가까운 거리에 쌍암저수지가 있기는 했지만 허공에서 물고기가 내려오다니 참으로 신기했다. 아마도 비가 오자 저수지 물 위로 솟구친 물고기들이 용오름 바람을 타고 우리 집 마당에 떨어진 것으로 보인다.

동네 아이들은 등굣길에 물수제비 경쟁을 심심치 않게 벌였다. 신작로에 있는 조약돌을 주워 저수지 물 위에 던져서 더 멀리 더 많이 튕겨나가면 이기는 게임이다.

저수지에는 거의 매년 여름방학마다 사람이 빠져 죽었다. 대부분 어린 학생들이 희생자였으며 시신을 물 위로 떠오르게 할 목적으로 굿을 하는 모습이 슬프게 비쳤다.

무양중학교에서는 추석이 오면 축제를 벌였다. 마을 어르신들을 초청해 강강술래와 태권도 시범 등을 선보이고 맛있는 음식도 대접했다. 보름달 아래 흰 저고리에 검정치마를 입고 손에 손을 잡고 강강술래를 노래하는 여학생들의 모습은 마치 하늘에서 내려온 선녀들처럼 곱고 아름다웠다.

미산마을에는 방앗간이 있었다. 방앗간집 중학생 아들은 동네 아이들의 부러움을 샀다. 무양중학교 인근에는 기갑 부대가 있었다. 훈련을 마친 탱크와 장갑차들이 캐터필러에 진흙을 잔뜩 끌어안은 채 뒤엉켜 있는 광경은 퍽 기괴한 모습이었다. 이곳 군인들은 설날이면 기다란 색 sack 을 둘러매고 농가를 찾아와 가래떡과 인절미 등 명절음식을 받아가곤 했다.

마을에는 종방이라 불리는 뽕나무밭이 있었다. 잠실이라고 부르기도 했다. 동네 처녀들이 머릿수건을 두르고 뽕잎을 따며 노래를 불렀다. 한번은 어머니를 따라 이웃집 과수원에 놀러 갔다가 어디선가 바스락거리는 소리가 들리기에 헛간 문을 열었다가 화들짝 놀란 적이 있다. 수많은 누에들이 뽕잎을 갉아먹고 있는 모습을 처음 본 것이라 거의 까무러칠 뻔했다.

여름날 까맣게 익은 오디 뽕나무 열매 는 무척 달콤했다. 어느 여름날 해질녘 무렵 헬기가 불시착을 했다. 장구촌 인근 신작로 주변이었던 것으로 짐작된다. 이 소문을 들은 동네 사람들이 헬기를 보기 위해 비상착륙 현장으로 우르르 몰려가기 시작했다. 우리 가족도 저녁밥을 먹다가 수저를 놓고 헬기를 보기 위해 달려갔다. 우리가 도착했을 무렵 헬기가 불시착한 현장은 이미 어두워졌었다.

현장에 도착하니 이미 많은 주민들이 헬기 주변에 몰려들어 호기심 어린 눈으로 지켜보고 있었다.

군인복장을 한 조종사가 밖에서 헬기 주변을 살피고 있었다. 잠시 후 이 조종사는 주민들에게 반갑다고 인사를 한 뒤 "헬기가 아무 이상이 없으니 출발하겠다."라고 인사를 건넸다. 그 모습이 매우 씩씩하고 멋져 보였다. 잠시 후 헬기가 꽹음 소리와 함께 모래 먼지를 일으키며 하늘로 날아올랐다. 생전 처음으로 목격한 헬기는 가슴속에 오랫동안 각인되었다.

비아 읍내

주된 생활은 비아읍현재 비아동 을 거점으로 이루어졌다. 비아읍은 작은 면소재지에 불과하지만 사통팔달 교통의 요충지이자 교육, 소비, 문화의 중심이었다. 광주, 송정, 담양대치, 장성으로 오가는 길목에 위치해 시외버스들이 수시로 지나갔다 차부(터미널)가 있던 곳은 현재 비아중앙로 29-1 일신마트 자리이다.

뿐만 아니라 조선시대부터 맥을 이어온 비아5일장이 시끌벅적하게 열렸고, 농촌 지역으로는 드물게 영화관 비아극장 이 영업하고 있었다. 그리고 읍내에는 성당 공소를 비롯해서 면사무소, 보건소, 지소, 우체국과 같은 기관들이 큰길 주변으로 줄지어 있었다.

비아읍에서 담양 대치로 가는 신작로 양편에는 아까시나무가 줄지어서 있어 봄에는 하얗게 꽃을 피우고 상큼한 꽃향기를 바람에 날렸다. 아까시나무는 5·16 이후 박정희 대통령의 산림녹화 시책의 일환으로 많이 식재되었다. 황폐화된 산림을 복구하기 위해 속성수를 심었는데

1973년 소도시 가꾸기 사업으로 정비된 비아중앙로 모습(사진: 광산군지 제공)

주로 아카시아, 포플러를 많이 심었다. 그러나 포플러는 키만 컸지 효용성이 낮아 많이 심지 않았다.

옛 길이 대부분 사라졌지만 비아초등학교 가는 GS 주유소 삼거리 길은 예전 그대로의 신작로 길이다. 학생들은 이 신작로를 따라 마을별로 무리 지어 등하교를 했다. 길옆으로 무덤들이 지천으로 널려 있었다. 이 일대가 예전에 공동묘지였는데 일부가 남아 있다.

어느 날 학교 수업이 끝나 형과 함께 집으로 가는 길이었다. 공동묘지 앞을 지나가는데 형이 언덕에 있는 널빤지를 발견하곤 "겨울에 썰매를 만들면 좋겠다."라며 함께 들고 가자고 했다. 그리고 둘이서 그 널빤지를 들고 한참을 가는데 주변 아이들이 "관처럼 보인다."라며 수군거렸다. 그때서야 형과 나도 이상한 느낌이 들어 길가에 버리고 집으로 왔다. 나는 혹시나 해서 할머니에게 그 사실을 말씀드렸더니 할머니는 "널빤지에 못 자국이 있었느냐?"라고 물으셨다. 나는 없었다고 대답하자

상여와 만장이 휘날리는 장례 모습(사진: 비아이음소 제공)

할머니는 관으로 사용한 나무판이 맞다며 입던 옷을 모두 벗겨 빨아주
셨다.

신작로에는 이따금 군용트럭과 탱크가 흙먼지를 일으키며 지나갔다.
간혹 아카시아 꽃을 따먹기도 하고 겨울에는 칼바람을 피하기 위해 신
작로 대신 논길을 허리를 굽힌 채 엉금엉금 기어가곤 했다.

비아 읍내는 광주 시내 번화가처럼 차와 사람들로 늘 북적거렸다. 광
주, 장성, 담양, 송정으로 향하는 시외버스들이 수시로 멈춰 섰다가 오
가는 모습은 일상이 되었다. 도로 양편으로는 가게들이 즐비하게 이어
졌다. 정육점, 약국, 양복점, 전파사, 우체국, 양화점, 제과점, 쌀집, 잡
화점, 구멍가게 등 다양한 점포들이 도회지의 풍경을 이루었다. 덕신,
서울 등 양복점이 3군데 있었다. 또한 비아극장과 문구점도 나의 마음
을 끌어당겼다.

비아 장날이면 비아면 소재지 일대가 축제장처럼 들썩거렸다. 우체국 등이 자리한 중심대로 뒤편에서 비아초등학교 앞까지 장옥이 늘어서 온갖 신기한 물건들을 진열해놓고 있었다.

신기료장수가 고무신을 때우는 광경, 튀밥장수가 뻥 소리와 함께 흰 연기를 피워 올리는 광경은 조마조마하면서도 호기심을 자극했다. 그리고 대장간에서 풀무질을 하면 시뻘겋게 달아오른 쇠붙이를 쇠망치로 두드려 낫과 쇠스랑 등 농기구를 만드는 광경이 눈에 잡힐 듯 선하다.

대우아파트 자리는 원래 순천 박씨 선산이었다. 순천 박씨 세장산^{대대} _{로 조상의 묘를 쓰는 산}에는 '연하재'라는 제각이 있었는데 보성 부자 박팔만의 한옥을 뜯어다가 제각으로 사용했다. 낮은 구릉 형태의 야산이었으나 숲이 우거져 있었고 아늑한 경사지가 있어 초등학교 소풍지로 제격이었다. 1960년대 후반에 방송국 송신소가 세워져 밤이면 불빛을 깜박거렸다. 1980년 5·18 때 송신소에는 군인들이 경비를 서고 있었다.

모두가 느린 시간 속 풍경이다.

원주민들의 고향 이야기

원주민의 고향 회상

첨단단지 개발로 비아와 삼소동 지역 주민들의 삶은 크게 달라졌다. 조상 대대로 살아온 정든 고향마을을 떠나 새로운 둥지를 찾아 나선 주민들은 적지 않은 보상금을 받기는 했지만 앞으로 어떻게 살아가야 할지 불안과 기대감이 교차했다. 일부는 이주자 택지로 이사를 해서 인근에 농토를 구입해 계속 농업에 종사해온 사람이 있는가 하면, 일부는 힘겨운 농사일을 벗어나고자 고향을 떠나 새로운 업종에 투자한 사람도 있다.

25년이 지난 지금 더러는 성공한 사람도 있고 더러는 사업에 실패해 어려워진 사람도 있다. 그러나 어릴 적 뛰놀던 고향은 여전히 기억 속에 아련한 추억으로 남아 있다. 원주민들이 기억하는 옛 마을의 풍경과 사건들을 몇 개의 토막 이야기로 정리해본다.

6·25 전쟁의 기억들

6·25 전쟁의 비극은 비아에도 숱한 상처를 남겼다. 비아는 국도 1호선이 지나는 길목인 데다 당시 연합군과 인민군이 치열한 공방전을 벌이던 장성 못재와도 가까웠기 때문이다. 주민들의 증언에 따르면 가장 떠들썩한 사건은 미군의 오폭에 의해 비아시장 내 장옥에 큰불이 난 일이다. 당시 인민군이 비아초등학교에서 작전회의를 한다는 첩보를 접한 미군 폭격기가 폭탄을 투하했는데 엉뚱하게 비아초등학교 뒤편 비아시장에 떨어져 초가 장옥 30여 채가 불에 소실되었다고 한다.

또 국도 1호선을 차지하기 위한 쟁탈전도 치열했다. 당시 장성은 인민군이 차지하고 있고, 광주는 국군이 방어하고 있는 상황이었다. 인민군들은 주로 말 구루마를 타고 내려왔는데, 낮에는 근처 과수원에 숨어 있다가 밤이 되면 내려와 곡괭이로 도로에 큰 구덩이를 파서 국군의 진격을 막았다. 그러면 다음 날 국군들이 다시 메우곤 했는데 모두 7번이나 도로 주인이 바뀌었다고 한다 행복동지 아산마을사람들, 「까마귀 행복을 품다」, 2014, 29~31쪽 참조.

서인섭 씨는 "6·25 때 인민군이 안방을 차지하고 앉아서 총 손질하다가 오발해 양철집 천장을 뚫고 나가 오랫동안 총탄 흔적이 남아 있었다. 인민군들은 사람을 보면 무작위로 기관총을 난사해 마당에는 장독이 깨진 채로 널브러져 있었다."라고 당시의 끔찍한 상황을 설명했다.

안청 출신 박종채 씨는 "비아초등학교 5학년 때 6·25가 발발했는데 방학을 마치고 가을에 학교에 등교해보니 본관 뒤편에 포탄이 떨어져 커다란 웅덩이가 생겼다."라고 회상했다.

안청은 비아면 소재지에서 임곡방향으로 가는 길 도중에 위치하고 있는데 하남공단 9번 도로와 인접해 있다. 박 씨의 선친 박맹규朴孟奎 씨는 일제 징병을 피하기 위해 평안남도로 이주했다가 그곳에서 광복을 맞았다. 가족들이 남한으로 내려가려고 했으나 38선에 다다르자 북한군이 저지했다. 이에 다시 산을 타고 개성 쪽으로 이동해 폭풍우를 뚫고 개성으로 넘어왔다. 이때 개성은 남한 땅이었다. 그리고 서울을 거쳐 기차를 타고 고향으로 내려왔다.

또한 학교 뒤 장성 남면 가는 국도 인근 삼태리西太里에 살고 있는 사촌형이 장성에서 직장생활을 하고 있었는데, 인민군이 내려오자 자전거를 타고 안청으로 피신했다. 이때 비행기가 폭격을 하자 과수원 탱자울타리에 몸을 숨겼다고 한다.

11기갑 부대

무양중학교 뒤편에 11기갑 부대가 있었다. 수완동 절골부락KBS 송신소 부근에 탱크 조종 교육장이 있어서 11기갑 대대 장갑차들이 수완동으로 이동했다. 기갑 부대 훈련을 위해 마을을 지날 때면 그 소리가 너무 시끄러워 민원이 들끓자 쇠바퀴에 고무패드를 끼워서 소음과 진동을 줄이기도 했다. 기갑 부대는 인근 쌍암저수지를 수상훈련장으로 사용하기도 했다.

이 부대는 첨단단지 개발로 나중에 장성 못재 너머로 옮겨갔다. 기갑특기 군인들은 모두 이곳에서 후방교육을 받고 본대에 배치된다고 한다. 박익성 비아청년회장의 부친 고 박세순42년생 씨는 11기갑 대대에서 중사로 예편한 후 비아예비군 중대장을 지냈다.

무장공비 출현 사건

1975년 6월 동림동 대마산에 공비가 출현해 교전이 벌어졌다. 1명은 사살되고 1명은 도주해 나중에 전북 지역에서 발견돼 사살되었다. 공비가 출현하자 군경과 예비군 합동으로 수색에 나섰다. 비아 주민들도 예비군으로서 수색에 참여하던 중 뭔가 수상한 덮개를 들춰보니 공비가 남기고 간 팬티와 비상식량이 발견돼 지휘부에 보고했다. 팬티에는 영산강을 건넜는지 모래가 묻어 있었다. 아마도 공비들은 불공마을에서 동림동으로 넘어온 것으로 추정되었다. 2~3일간 수색이 벌어졌으며 교전 총성이 요란했다. 아군 _{국군과 예비군} 도 사망자와 부상자 등 인명피해가 있었다. 군부대가 이동하는 과정에서 군트럭이 전복되는 사고가 발생해 수십 명이 피해를 입은 것으로 알려졌다. 대마산에서 정면을 바라보면 광주공항이 직선거리로 한눈에 들어왔다.

공비들은 아마도 광주군공항을 정탐하기 위해 내려온 것이 아닌가 추정되었다. 당시 현장은 지금은 공원부지로 지정되었다 _{황연석 씨 증언}.

영산강에 대한 추억

미산마을 뒤편에 흐르는 영산강은 마을 사람들의 소풍지였다. 여름철에는 미역도 감고 투망을 이용해 천렵을 했다. 드넓은 백사장에는 개량조개 _{갱조개} 와 다슬기가 많이 서식하고 있어 이를 잡아다가 끓여 먹기도 했다. 또 풍부한 모래는 새마을사업 당시 마을을 정비하는 데 골재로 사용되기도 했다.

새마을운동 당시 집수리를 할 때는 리어카로 영산강이나 안청 냇가에서 모래를 퍼다가 사업을 시행했다. 주민 김희창 씨는 "박정희 정권 시절, 16살 때 제방 공사에 나가면 밀가루 1부대씩을 지급받아 온 가족이 죽을 써서 배불리 먹었다."라고 회상했다 _{박흥식 조합장, 김희창 씨 증언}.

첨단단지를 흐르는 강물과 조화를 이룬 영산강변 유채꽃(사진: 김승현)

녹음에 둘러싸인 여름 영산강의 풍경이 평화롭기 그지없다.(사진: 김승현)

정미소

비아는 농토가 넓게 펼쳐져 있고 비아장이 있어 정미소가 여러 군데 있었다. 비아면 소재지에는 당시 도로를 사이에 두고 양편에 하나씩 2곳이 있었다. 박흥규, 윤구 형제간에 운영하는 방앗간이었다. 하나는 앞벌산에 있었고, 다른 하나는 웃장터에 있었다고 한다. 현재는 호반아파트가 들어서 있다. 동네 주민들에 따르면 반경 20리에 있는 나락들은 모두 비아정미소로 싣고 와서 방아를 찧었다고 한다. 일꾼들은 각자 전문 분야가 있었다. 구루마꾼, 메 보는 사람 벼 껍질 까는 공정을 담당하는 사람, 정미보는 사람 쌀을 도정하는 공정을 담당하는 사람 등이 있었는데 구루마꾼이 가장 많았다. 정미소는 새 밀이 나오는 여름부터 바빠졌다. 제분기가 있어 밀가루를 빻아야 했기 때문이다. 밀가루로는 밀개떡이나 국수를 해먹고 찌꺼기는 사료로 썼다. 7~8월에는 보리를 찧었다. 그리고 가을이면 쌀 찧고, 고추 찧고, 솜을 탔다. 정미를 해준 삯은 벼로 받았다. 가을철 한창때는 일꾼들이 5일 중 4일은 24시간 일하고 하루 정도만 제대로 잠을잘 정도로 바빴다.

배가 고픈 아이들은 방앗간에서 도정 중인 쌀을 훔쳐 먹었다. 그러다 잡히면 얻어맞기도 했다.

방앗간은 비아 읍내뿐 아니라 미산 수수밭 언덕, 장구촌 등 마을마다 있었다. 보훈병원 건너편 산월리 봉산방앗간은 현재 식당으로 활용되고 있다 행복동지 아산마을사람들, 『까마귀 행복을 품다』, 2014, 118~119쪽 참조.

비아노인정 할머니

비아초등학교와 비아시장 사이 언덕에 비아노인정이 자리하고 있다. 비아 동원촌 토박이 할머니들이 모여 심심풀이 화투도 치고 점심 끼니를 함께 나누는 사랑방이다. 이곳에는 노규순 할머니[88세] 등 비아에서만 40년 이상 살아오신 어르신들이 매일같이 나와 옛 추억담을 나눈다. 얼굴에는 깊은 주름이 파이고 쪽진 흰머리가 어릴 적 나의 할머니 모습 그대로이다.

비아시장 옆에 자리한 비아노인정은 토박이 할머니들이 모여 심심풀이 화투도 치고 점심 끼니를 함께 나누는 사랑방이다.(사진: 저자)

비아의 옛날이야기를 듣고 싶다고 말씀드렸더니 기억이 가물거려 별로 생각나는 게 없다고 하신다. 그래도 이것저것 물으면 지나간 세월의 풍경을 토막토막 들려주신다.

한 할머니는 비아장 노변에서 젊은 시절부터 붕어빵 장사를 하셨다고 한다. "옛날 장은 오전에만 반짝 열리는 한나절 장이었어. 야채전, 싸전, 돼지전, 소전 다 있었지."

비아장의 별미음식이 무엇이냐고 여쭈었더니 "순대국, 국밥이 유명했으나 요즘에는 팥죽집에 손님들이 많이 몰린다."라고 하신다.

과거에는 명절이면 장 근처에 서커스와 비아초등학교 운동장에서 씨름대회가 열렸다고 한다. 그리고 장 주변에는 대장간 옆 등 3곳에 통샘이 있었다고 한다. 비아동 천주교회 아래 빈터에서는 천막극장이 자리를 잡고 영화를 상영했다고 한다.

5·18 때 비아는 어떠했냐고 묻자 "마을 주민 일부가 시위대 차량을 타고 시내까지 나가기도 하고, 슈퍼에서 시위대에게 음료수와 빵을 제공하기도 했으나 비교적 조용한 편이었다."라고 한다.

또한 시내로 들어가지 못한 외지 버스들이 장터에 집결해 뒤숭숭한 분위기였다고 전했다.

이 할머니는 젊은 시절 형편이 어려워 갖은 고생을 하셨다고 한다.

봄철에는 응암과수원에서 배꽃을 따고 여린 과일을 솎아내거나 봉지를 싸는 일을 했다. 그리고 여름에는 임곡 냇가에서 대사리와 우렁이를 잡아 양동시장에 내다 팔기도 했다. 그 당시는 차비가 아까워 양동시장, 장성시장을 걸어 다녀야 했다고 회상했다.

비아는 인심이 좋고 범죄가 거의 없어 살기 좋은 마을이라고 자랑한다.

최근에는 외국인들이 많이 들어와 살면서 원룸이 크게 늘었다고 한다. 외국인들은 인근 논밭에서 농 작업을 하며 하루 일당 8만 원을 벌고 있다고 말했다. 또한 첨단단지 개발로 상권이 살아나 읍내 상가는 부동산 가격이 크게 올랐다고 분위기를 전했다.

"비아는 예로부터 '돈을 벌면 떠나'라는 말이 있어. 토박이는 3할에 불과하고 나머지 7할은 외지인들이여."라고 말했다.

체조 선수 양학선의 고향

2012년 런던올림픽 도마 종목에서 대한민국 체조 역사 최초로 금메달을 딴 양학선 선수의 고향이 비아이다. 양학선의 할아버지는 원래 이북사람으로 비아 피난촌에 자리를 잡았다. 당시 피난촌은 비아 지하보차도 부근에 있었는데 호남고속도로가 생기면서 지금의 동원촌으로 옮겼다. 동원촌은 원래 공동묘지가 있었던 곳으로 공동산이었을 때는 초분과 상여막이 있어서 초분골이라고도 했다.

지금도 동원촌에는 양학선 선수 본가가 있다. 런던올림픽에서 금메달을 땄을 당시에는 비아에 할머니가 살고 계셔서 동네잔치를 벌였다고 한다.

부모님은 비아를 떠나 양 선수의 외가가 있던 광주 서구 양 3동 달동네^{발산}로 이사해 광천초등학교에 다녔다. 양학선 선수가 체조를 시작한

2012년 런던올림픽 도마 종목에서 대한민국 체조 역사 최초로 금메달을 딴 양학선 선수. 그의 고향이 비아 동원촌이다.(사진: 자료 사진)

것은 광주 광천초등학교 3학년 때였다. 그러나 광천초등학교에 체조부가 없어 체조 특기생이었던 형 양학진 을 따라 인근 서림초등학교 체육관에 가서 놀았는데 그 모습을 지켜본 감독이 재능을 알아보고 발탁했던 것이다. 체조 전문가들은 양학선 선수는 천부적으로 도마에 적합한 조건과 기능을 보유하고 있다고 평했다. 양 선수는 평소 집중력이 뛰어나고 경기장에서 굉장히 공격적인 투지력을 보인다. 집중력이 강한 선수는 대체로 국제대회에서 좋은 성적을 거두는 경향이 있다.

양 선수는 고등학교 때부터 '여2' 기술을 소화해냈다. '여2'는 여홍철의 기술로 뜀틀을 짚고 공중에서 한 바퀴를 돌고 정점에서 내려오면서 다시 두 바퀴 반을 비틀어 착지하는 기술이다. 2010년 네덜란드 세계대회에서 '여2' 기술을 가지고 나가 우승을 노렸으나 4위에 그치고 말았다. 그때 자신만의 기술이 필요하다는 것을 느껴 '양학선' 신기술을 만들었다.

'양1'은 양학선 선수가 개발한 최고난도의 도마기술로 공중에서 세 바퀴 1,080도 를 비틀어 돈 후 정면으로 착지하는 방식이다. 2012년 2월 국제체조연맹으로부터 '양학선'이라는 이름의 7.4 최고난도 신기술로 공식 등재되었다. 양학선 선수는 런던올림픽 때 '양학선'이라는 기술을 완벽하게 구사하여 금메달을 목에 걸었다. '양2'는 세 바퀴 반 1260도 을 돌아 뒤로 착지하는 기술이다.

발산마을 달동네 단칸방에서 어렵게 자란 양 선수는 효자로도 알려져 있다. 부모님이 전북 고창으로 귀농해 비닐하우스에서 살게 되었을 때, 국가대표로 태릉선수촌에서 훈련을 받고 있었던 양 선수는 훈련비를 모아 매달 어머니의 통장으로 보냈다고 한다.

양 선수는 2012년 런던올림픽에서 금메달을 딴 이후에도 2013년 국제체조연맹 월드컵대회 도마 금메달, 카잔 하계유니버시아드대회 금메달, 제44회 기계체조 세계선수권대회 금메달을 획득했다 행복동지 아산마을사람들,「까마귀 행복을 품다」, 2014 .

비아 사람들의 품성

높은 교육열과 상인의식 뚜렷

비아 사람들은 교육열이 강하고 상업 수완이 뛰어난 품성을 지녔다. 1921년 비아공립보통학교 설립 과정에서 주민들이 자발적인 모금활동을 벌인 것이나 광복 직후 사립 비아중학교가 설립될 수 있었던 것은 남다른 교육열을 반영한 것이라 볼 수 있다.

1924년 매일신문 신문 기사에는 비아 사람들의 높은 배움 의식이 잘 나타나 있다.

> "광주군 비아면 父老(학부모)들은 교육의 시기를 자각하고 자제들은 학습의 욕망이 왕성하야 자발적으로 2천의 거액을 수집하여 목하(지금) 공립보통학교를 설립하기로 운동한다더라."(매일신문,

1924.10.21.)

또 1949년 동광신문 기사에는 일본인 적산을 아동교육을 위해 학교 교육용 재산으로 활용해야 한다며 발 벗고 나섰다.

이처럼 교육열이 높은 것은 비아가 광주와 인접해 있고 외부 지역과 개방된 사회였기 때문으로 보인다.

또한 조선 후기 개설된 비아장은 인근 5개 면 주민들과 물자의 교류와 교환의 거점이 되었다. 비아장의 존재는 지역 주민들에게 상인정신을 길러주었다. 그리

비아의 교육열 소개 기사(매일신보)

고 일제강점기에는 청년실업장려회가 조직돼 사업가 정신을 배양하고 확산시켰다.

비아 청년실업장려회가 적극 나서서 극락역시장 개설을 추진한 것도 주목할 만한 대목이다.

> "청년실업장려회에서 광주군 비아면에서는 면(面) 산업의 발전을 위하여 면의 공익상과 부락의 공동이익상과 개인부업의 연락을 도모할 목적으로 동(同) 면유지 제 씨의 발기로 청년실업장려회를 조직하고 철저 노력 중이라는바, 동지(同地)는 물산이 풍부하고 교통이 편리함으로 8월 10일부터 동군(同郡) 극락역전에 시장을 신설하고 동회(同會) 간부 제 씨는 대대적으로 활동을 시(始)하야 소기(所期) 이외의 성적을 실현하고 방금 제반 설비를 착착 진행 중인바, 장래 유망한 시장이 될 터이라 하며 시일(市日)은 매월 음 5, 10일부터 2개월간 매시일(每市日) 각희(脚戲), 활동사진, 협률(協律), 무도(舞蹈) 등 유희를 한다더라."(매일신보, 1924.9.3., 4면 기사)

비아 사람들이 상인기질이 뛰어난 데는 비아장의 역할이 크다. 맹자가 말한 '맹모삼천지교'의 교훈처럼 학교 바로 옆에 장터가 있어 어린 학생들이 일찍부터 장사에 호기심을 갖게 되는 환경이 조성된 것이다. 아이들은 장날이면 장사가 파한 장터를 이곳저곳 누비며 떨어진 동전이나 지폐를 주우러 다녔다. 그리고 부모님이 장사하는 모습을 보면서 자연스레 시장의 분위기를 몸에 익히게 되었을 것이다.

또한 일제강점기에 조성된 과수원도 상인정신을 북돋우는 데 한몫을 했다. 과일 수확 철이면 인근 동네 아낙네들이 복숭아와 감, 배 등 과일을 받아서 비아장이나 광주양동 시장에 나가서 팔았다.

이러한 장사 경험을 가지고 나중에 광주로 나간 주민들은 광주 양동 시장에서 장사를 하며 생계를 꾸려가는 경우가 많았다.

신흥마을 옹기공장 역시 마을 주민들이 판매원 역할을 하였다. 옹기공장에서 생산된 옹기를 리어카나 용달차에 싣고 광주 시내 이곳저곳에서 판매했던 것이다. 신흥마을이 속한 삼소동은 조선시대부터 종이, 갓, 옹기 등 공예품을 생산해온 마을이다.

그러나 아이러니하게도 비아에는 큰 부자나 이름난 인물이 드문 편이다. 오히려 '비아에서 돈을 벌면 외지로 나가'라는 속설이 전해져 오고 있다. 비아극장 역시 외지_{송정리} 출신이 지어서 운영한 것이었다.

또한 큰 인물도 많지 않다. 큰 인물이 나지 않은 것과 관련하여 풍수지리설을 말하는 사람도 있다. '주변에 큰 산이 없어 큰 인물이 나지 않는다'는 것이다.

그 이유는 어쩌면 비아가 외부 세계와 열려 있는 지역이라는 사실과 무관하지 않을 것 같다. 쉽게 외부의 영향을 받는 지역이라 어느 정도 재산이 축적되면 광주나 서울로 나가서 큰 꿈을 키우고자 하는 욕망이 생겼을 것이다.

더불어 비아는 외부 세계와 접촉이 활발해 그만큼 텃새가 심하지 않은 편이다. 그래서 외지인들이 들어와서 쉽게 돈을 벌어 나가는 경우가 많다.

비아飛鴉 라는 지명처럼 '까마귀가 먹이를 쪼아 먹고 배가 부르면 날아 가듯이' 외지인들이 돈을 벌어 떠나가는 것이다.

공동체문화의 산실 쌍암공원

첨단단지가 들어서기 전 쌍암동에는 쌍암저수지와 응암저수지 물개방 죽 두 개의 큰 저수지가 있었다. 마을 사람들은 '동쪽 방죽', '서쪽 방죽' 으로 불렀다. 이 가운데 쌍암저수지는 응암마을 뒤편에 있었는데, 현재 의 쌍암호수공원은 첨단지구 개발 전부터 존재했던 쌍암저수지가 모태 가 되었다. 응암저수지 물개방죽 는 현 응암공원의 동쪽 대략 미산초등학 교 일대에 있었는데 첨단단지 조성과 더불어 매립된 것으로 보인다. 1910년대 일제에 의해 조사 편찬된 『조선지지자료』에는 물개제勿介堤 로 표기되어 있다.

쌍암저수지는 둘레 길이가 10리에 달해, 전남에서 2번째 큰 방죽이 었다. 마을 주민들은 여름이면 이곳에서 수영도 하고, 빨래도 했다. 그 리고 인근 기갑 부대가 수상 훈련장으로 사용하기도 했다. 정치인 고 김종필 씨가 제3공화국 총리시절 미산을 방문했을 때 이곳에 향어를 방 사하기도 했다.

광산구 쌍암동 653-1번지에 위치한 쌍암공원은 1992년 조성을 시작 해 무려 6년에 걸쳐 완성된 도심 호수공원이다. 지스트 GIST 앞 동서방향 으로 지나는 첨단과기로를 북쪽 경계로 왼편에는 첨단 1동의 고층 아파 트단지와 도로를 경계로 하고 있고 남쪽으로는 첨단 1동의 상가지구와 맞닿아 있다.

첨단단지 주민들의 휴식처인 쌍암호수공원 전경(사진: 김승현)

약 4만 5,000여 평 14만 7,900㎡ 의 드넓은 부지에 호수의 크기만 약 1만 2,000여 평 4만 2,000㎡ 에 달한다. 공원 입구의 호변에는 수중생물을 가까이서 관찰할 수 있도록 수변 데크가 갖춰져 있고, 호수의 수중생물에 공기를 공급하는 부유폭기시설에서 시원하게 뿜어내는 분수는 장관이다.

각종 공연과 전시행사가 가능한 광장과 더불어 2,700여 평 9,000㎡ 의 산책로가 마련돼 주민들의 휴식공간으로 사랑받고 있다.

정월 대보름이면 공원 입구를 지키고 있는 당산나무 앞에서 당산제를 올리며 마을의 안녕과 번영을 기원한다. 그리고 가족 단위 인파가 몰려 연을 날리기도 하는 등 다양한 첨단골 대보름 행사가 펼쳐진다.

봄철부터 야외공원으로 진행되어온 첨단골 열린음악회의 노랫소리는 일요일의 공원에 활기를 더한다. 가을에는 청소년을 중심으로 다양한 야외행사와 운동경기, 각종 단체들의 행사가 밤낮을 가리지 않고 이어진다. 겨울이면 4만 5,000여 평 14만 7,900㎡ 이 하얀 눈으로 뒤덮여 설국의 장관을 연출한다.

그만큼 쌍암공원은 첨단주민들의 일상생활과 삶의 현장 깊숙한 곳에 문화공간으로 자리 잡아 첨단주민들의 자부심이자 첨단 지역 공동체문화의 산실이 되고 있다.

주민 협치 마을 '비아이음소'

비아동 사람들은 아파트단지를 중심으로 이뤄진 공동체를 마을 전체로 확대할 수 있는 계기를 마련하기 위해 2017년 협치 마을 사업을 시작했다.

비아동 협치 마을 이름은 '비아이음소'이다. 비아이음소는 이어주다는 뜻의 '이음'과 장소를 의미하는 '소'의 합성어다. 사람과 사람을 이어주는 역할을 하겠다는 뜻으로 '사람모아 사랑모아 행복한 비아마을'을 슬로건으로 내걸고 있다.

여기에는 주민 스스로 협의와 협력을 통해 마을을 일궈가는 과정이자 시스템이라는 큰 의미를 내포하고 있다. 또한 원주민과 이주민의 인적 네트워크 구성으로 개인과 개인, 집단과 집단 간 양방향 소통을 통해 주민 관계망을 형성하는 것도 목표 중 하나다.

이와 함께 마을의 자원을 적극 활용해 마을 공동사업 추진 및 대표 브랜드를 개발하는 등 '더불어 사는 비아'를 만들어가는 중이다.

협치 마을 사업에는 비아 지역 14

비아 협치 마을 협의회는 주민 스스로 자치적인 주민회의를 통해 논의하고 토의하며 더 나은 비아를 위해 노력하고 있다.(사진: 저자)

개 단체 비아상가번영회, 비아동 자율방범대, 비아동지역사회보장협의체, 비아초등학교운영위원회, 비아 주민자치위원회, 비아동 통장단, 비아청년회, 비아동 새마을협의회, 까망이 작은도서관, 까망이협동조합, 다 온: 마을신문기자단, 비아초 까치회, 드루와 청소년기획단, 우리동네 지킴이 순찰대 가 참여하고 있다.

비아 협치 마을이 남녀노소 누구 할 것 없이 비아를 사랑하는 열정으로 힘을 모아 협치의 초석을 다진 셈이다.

마을총회를 통해 비아마을 주민들의 의견이 하나둘 모이기 시작했다. 비아에 가장 필요하다고 생각하는 의제인 인적 네트워크 구성을 기반으로 강점과 약점, 기회와 위협 요인 분석인 'SWOT 분석'을 통해 비아마을 비전을 제시했다.

강점은 인적 네트워크의 적극적인 참여, 약점은 소통 부족, 기회는 정이 많은 비아시장 등이고, 위협 요인으로 불편한 교통과 지리적 위치가 꼽혔다.

비아이음소 정기 분과회의 날 모인 마을 주민들이 마을의 협업과 관련해 심도 있는 회의를 통해 도출된 의제들을 발표하고 있다.

대표적으로 광주의 관문인 비아동을 대표하는 캐릭터와 로고 슬로건을 개발했다. 캐릭터는 비아 飛鴉 의 한자이름에서 착안하여 까마귀를 소재로 '까망이'와 '까비'를 탄생시켰다. 로고는 '행복둥지 비아에 살다'와 'Happy 비아'라는 문구를 바탕으로 디자인하였다. 제작된 캐릭터와 로고를 활용해 마을 이정표 만들기, 에코백 제작하기, 포토존 설치 그리고 카카오톡 이모티콘을 제작할 예정이다.

이와 함께 ▲비아시장 환경개선 시장과 중앙로 상점 간판을 특색 있는 캐릭터로 표현 ▲비아시장 활성화 사업 할머니장터 개설, 온누리 상품권 취급 스티커 상점 부착 ▲노상 적치물 정리 계도, 홀짝 주정차 실시 ▲첨단둘레길과 연결하는 산책로 개설 ▲비아마을 뿌리 찾기 ▲다 드루와 청소년 기획단 운영 등이 추진되고 있다.

특히 비아 의제를 통한 비아학당을 개설했다. 협치 마을 1년 사업을 어떻게 중장기적으로 진행할 것인가에 대해 교육뿐만 아니라, 정기적인 배움형 프로그램을 진행하자는 의견을 반영한 것이다.

비아학당의 프로그램으로 아로마테라피, 목공프로그램 등을 추진해 주민들의 큰 호응을 얻었다. 이 가운데 협치 마을 사업을 진행하는 순간들을 담아 '비아야 협치랑 노올자'라는 사업 홍보 잡지를 발간한 것도 눈길을 끈다.

협치라는 이름 아래 매주 정기적으로 만나 마을 협업과 덕담을 주고받은 주민 정기회의, 마을 현안 해결책을 모색한 분과회의, 행복둥지 공감학당 교육, 선진지 배움여행 등 협치 마을로 나아가기 위한 과정을 주민들의 시각에서 담아냈다.

9월에는 수완동 연꽃축제를 개최하고 10월에는 비아마을 축제를 열고 있다. 장차 비아의 향토자료들을 모아 역사관 건립을 계획하고 있다.

비아마을 주민들은 현재 주민주도형으로 대가성 없는 마을 활동을 하고 있지만 앞으로 브랜드 개발을 통해 마을 발전에 중요한 요소를 하나둘씩 갖춰 마을기업으로 발전시킬 경우 주민의 실질적인 삶에 보탬이 될 것으로 기대하고 있다.

비아이음소 박익성 소장은 "비아이음소는 성과보다는 과정을 중요시하며 여러 사람의 의견을 중요하게 생각한다."라면서 "마을의 의제를 주민 스스로 발굴하고 자치적인 주민회의를 통해 논의하고 토의하며 더 나은 비아를 위해 노력하고 있다."라고 말했다.

비아동 북카페 '도란도란'

비아동주민센터 옆에는 아담한 한옥카페가 눈길을 끈다. 이곳은 비아동 주민들이 만남과 소통의 공간으로 활용하는 북카페 '도란도란'이다.

이 한옥은 100년이 넘은 고택으로 추정된다. 원래 광주시 북구 삼소동 반산마을 강운삼 씨 소유였는데 강 씨가 1935년 비아면에 기증해 50

100년 된 한옥이 눈길을 끄는 비아동 북카페 도란도란(사진: 저자)

년간 비아면사무소로 사용하다가, 이후 2014년 7월까지 30년간은 비아예비군 중대본부와 주민센터 창고로 이용하던 곳이었다. 그러다가 비아청년회에서 이곳을 마을 커뮤니티 공간으로 활용하면 좋겠다는 생각으로 2014년 광주시 창조마을사업 일환으로 리모델링을 진행했고, 비아동 주민자치위원회를 통한 논의를 거쳐 2015년 12월 북카페로 변신했다.

북카페 문을 열고 들어서면 서까래가 그대로 보이는 한옥 천장이 눈길을 끈다. 높은 천장에 물결처럼 내걸린 천에 정현종 시인의 시 '방문객'의 한 구절이 적혀 있다.

> "사람이 온다는 건 / 실은 어마어마한 일이다 / 한 사람의 일생이 오기 때문이다."

또 다른 한쪽에는 시민운동가 김영집 씨의 '비아에 가면'이라는 시가 걸려 있다.

> "비아에 가면 / 까망이 마을 비아에 가면 / 까망이 도서관도 있고 / 맹글라우 목공소도 있고 / 도란도란 카페도 있다지 / 아이 어른 모여 공부도 하고 / 차 마시며 서로 소식도 전하고 / 시와 노래 그림과 강의도 있는 / 소통과 문화의 마당이라네."

카페 한쪽에는 수업을 마친 초등학생 아이들이 모여 수다를 떠느라 여념이 없다. 다른 편에는 마을 주민들이 회의를 하는지 테이블에 둘러

앉아 열띤 토론을 벌이는 모습이 진지하다.

아이, 어른 할 것 없이 자유롭게 찾아와 담소하고 책 읽고 토론하는 쉼터이자 공론의 장이다.

'도란도란'의 출발은 지난 2013년 동네 아파트단지에 문을 연 비아 까망이작은도서관에서 시작된다. 마을에 들어선 작은 도서관은 인근 주민들의 사랑방 역할을 했다. 무엇보다 엄마와 아이들이 함께 책을 읽고 다양한 문화 프로그램을 진행하는 공간으로 자리를 잡았다. 엄마들은 함께 모여 인형도 만들고, 목공예 프로그램에도 참여했다.

북카페 운영을 위해 비아동 엄마들을 중심으로 20여 명이 까망이 협동조합을 꾸렸다. 체계적인 바리스타 교육도 받고 5명이 돌아가며 가게를 맡고 있다.

카페 구석구석, 조합원들이 손길이 닿지 않은 곳이 없다. DIY 목재를 구입 후 직접 조립하고 색칠해 세상에 하나뿐인 탁자와 의자를 만들었다. 도서관 활동 당시 진행했던 '까망이목공'이 큰 도움이 됐다. 군데군데 놓여 있는 귀여운 봉제 인형 역시 엄마들의 솜씨다. 한지 공예, 양초 공예, 캘리그라피 등 카페 곳곳에 놓여 있는 소품들은 근사한 인테리어가 되었다. 카페에 꽂혀 있는 책은 조합원들이 기증하고, 일부는 까망이 도서관에서 가져왔다.

카페에서는 지역 주민들이 만든 공예품을 판매할 공간도 작게 준비해두었다. 비아5일장 안에 주민 참여 플랫폼 형식으로 마련된 '맹글라우'의 목공 제품과 엄마들이 만든 부엉이 파우치와 열쇠고리 등 소박한 소품들을 구입할 수 있다.

특히 조합원 중 손재주가 뛰어난 회원이 있어 재능 기부 형식으로 소규모 강좌도 진행해볼 생각이다. 그밖에 비아에서 생산되는 로컬 푸드도 판매할 예정이다. 도서관 뒤편으로는 나무 데크를 깔아 음악회 등 소박한 문화 행사를 여는 공간으로 활용하고 있다.

| 참고문헌 |

광산구사편찬위원회(2016), 『광산구사』 제2권(마을의 역사와 문화편)

광산문화원(2009), 『빛고을 광산을 보면 광주가 보인다』

_____(2001), 『광주의 재래시장』

광주시립민속박물관(1993), 『광주 삼소동 신흥마을 옹기』

_____(2013), 『국가기록원 소장 자료로 본 일제강점기 광주의 도시변천』

김덕진(2018), 『전라도의 탄생 1』

김성훈(1977), 『한국농촌시장의 제도와 기능연구』

김영현(2017), 『광주의 산』, 심미안

김정호(2014), 『광주산책』(상), 광주문화재단

_____(2017), 『100년 전 광주 향토지명(「조선지지자료」의 땅이름과 현장)』, 광주광역시문화원연합회

박용재(2007), 『비아풀두레놀이』, 전국문화원연합회 광주광역시지회

정근식(1994), 「광주첨단과학산업단지의 건설과 이에 따른 주민의 대응」

이규수(2005), 「한말 일제하 호남 지역의 일본인 연구」, 전남대 호남학연구단

이야기농부협동조합(2014), 『까마귀 행복을 품다』, 행복마을 아산마을 사람들

손경희(2000.11.), 「1910년대 경북 지역 일본 농업이주민의 농장경영」, 계명사학 제12집

중앙대산학협력단(2009), 「나눔과 협동의 공동체문화 디지털 아카이브 구축사업 최종보고서」

첨단골살고싶은마을만들기 추진위원회(2010), 『사람의 정과 문화가 어우러지는 첨단동』, 미디어민

한지은(2015), 『도시와 장소기억』, 서울대출판문화원

홍순권(1994), 『한말 호남 지역 의병사 연구』

고신문(동광신문, 호남신문, 조선신문)

동아일보 기사(1971.11.25.)

한국지역진흥재단 지역정보포털(www.oneclick.or.kr)

『광주 북구 지리지』

강양옥 씨(도촌, 효창주유소 대표)

김명갑 씨(오룡 출신)

김성욱 씨(미산 출신)

김정문 씨(중앙농원 주인)

김홍균 씨(전 비아동장)

김희창 씨(미산, 애향회 총무)

박익성 씨(비아이음소 대표)

박종채 씨(안청 출신)

박흥식 씨(응암, 비아농협조합장)

변요섭 씨(장성 남면 삼태리 이장)

비아노인정 할머니들

서규열 씨(내촌, 전 전남도교육청 교육국장)

서인섭 씨(인성철물 주인)

심상철 씨(비아탁주 대표)

손일현 씨(동원촌 출신)

이건옥 씨(비아초교 제31대 교장)

이길옥 씨(전 비아초교 교사)

이갑만 씨(전 비아동장)

이영자 씨(삼소동 출신)

최태근 씨(미산 출신)

한종실 씨(응암 출신)

황연석 씨(도촌 동장, 전 구의원)

황톳빛 그리운 시간여행

비아 첨단마을 옛 이야기

초 판 인 쇄 2020년 3월 9일
초 판 발 행 2020년 3월 16일

저   자 박준수
발 행 인 김기선
발 행 처 GIST PRESS

등 록 번 호 제2013-000021호
주   소 광주광역시 북구 첨단과기로 123(오룡동), 중앙도서관 405호
대 표 전 화 062-715-2960
팩 스 번 호 062-715-2969
홈 페 이 지 https://press.gist.ac.kr/
인쇄 및 보급처 도서출판 씨아이알(Tel. 02-2275-8603)

I S B N 979-11-964243-7-4 (03980)
정   가 15,000원